원룸 생활자를 위한

첫 인테리어북

종일
뒹굴고픈
혼자만의 집

Small
Space
Style

원룸 생활자를 위한

첫 인테리어북

집꾸미기 지음

자취 생활의 로망, 집 꾸미기가 시작됐다!

"자취하면서 집 꾸미는 사람들을 보면 이해가 안 돼."
"어차피 월셋집인데 왜 돈을 써?"

이런 생각을 해 본 적이 있다면 여기 그 답이 있다. 당신의 궁금증과 의문을 위해 집 꾸미기로 자취 로망을 실현해나가는 원룸 생활자 21명의 공간을 공개한다. 독립해서 살아가는 이들의 고군분투 집 꾸미기와 바뀐 공간이 이들의 삶에 가져온 크고 작은 변화가 펼쳐진다. 이들모두 처음부터 집 꾸미기를 잘하지는 못했다. 하지만 멋지게 꾸민 공간을 항상 꿈꿔왔고, 뭔가 부족하다 싶은 독립생활의 완성을 위해 나만의 안식처를 절실하게 원했다. 다만 어려워서, 귀찮아서, 돈이 부족해서 등의 현실적인 이유로 시작하지 못했을 뿐이었다. 집꾸미기의 공간 스타일링 이야기는 여기서 시작됐다.

"집꾸미기에서는 집은 안 꾸며주나요?"

집꾸미기는 본래 예쁘게 꾸며진 집을 소개하고 그 속에 자주 등장하는 인테리어 제품들을 좋은 가격에 선보이는 서비스다. 그런데 SNS 팔

로워 수가 늘어갈수록 집을 꾸며달라는 의뢰와 문의가 빗발쳤다. 그 가운데서도 이제 막 독립생활을 시작하는 첫 자취러부터 경력 10년 이상의 베테랑 자취러까지 원룸 생활자들의 집 꾸미기에 대한 열망이 가장 뜨거웠다. 우리는 그들의 열망을 현실화해 보기로 결심했다. 수많은 인테리어 사례를 소개하면서 쌓인 노하우를 바탕으로 1인 가구의 공간을 하나씩 꾸며나갔다. 거의 같은 구조에 한계 투성인 공간에서 대한민국 원룸의 새로운 가능성을 발굴해냈다. 그동안 집꾸미기의 도움을 받아 자취 로망을 실현한 250여 개의 공간을 주거 형태, 평수, 예산, 스타일에 따라 분류하고 대표적인 사례를 가려 뽑았다. 적게는 30만 원 대부터 많게는 200만 원에 이르는 예산으로 실제 집 꾸미기에 활용한 가구와 소품, 시공 정보도 아낌없이 공개했다.

춤춰라, 아무도 바라보고 있지 않은 것처럼
사랑하라, 한 번도 상처 받지 않은 것처럼
노래하라, 아무도 듣고 있지 않은 것처럼
일하라, 돈이 필요하지 않은 것처럼
살라, 오늘이 마지막 날인 것처럼

알프레드 디 수자의 이 유명한 시구에 한 소절을 더하고 싶다.

꾸며라, 온전히 내 집인 것처럼

집꾸미기 컨텐츠팀

목차
Contents

PART 02

내 공간이 넓어졌다, 투룸 & 복층 인테리어

CHAPTER **1** 드디어 로망을 이루다

CHAPTER **2** 죽은 공간을 살려내다

일러두기

1. 이 책에서 '방 주인'은 원룸에서 생활하는 사람으로 집 꾸미기 주체를 말하며,
   '집주인'은 방 주인과 월세나 전세 계약을 한 주체로 집의 소유주를 말합니다.

2. 가상 배치도에 있는 QR코드를 스캔하면 해당 공간의 360° VR 영상을 볼 수 있습니다.

'인간의 모든 불행은 단 한 가지,
고요한 방에 들어앉아 휴식할 줄 모른다는 데서 비롯된다'
_파스칼 *Blaise Pascal*

조명 하나, 테이블 하나로도
공간이 완전히 바뀝니다.

부담스럽게만 느껴졌던 인테리어,
적은 비용으로 손쉽게 할 수 있어요.
집 꾸미기를 위한 다양한 팁과 활용도 만점인 제품 소개,
한 번쯤 들여다보고 싶었던 '집 좀 잘 꾸민' 옆집 공간까지
속속들이 보여드려요.
오직 당신의 위한 공간 가이드,
집 꾸미기가 시작됩니다.

PART 01

내 공간이
생겼다,
원룸 인테리어

CHAPTER 1

빠듯한 예산에 맞춰 꾸미다

집 꾸미기를 여행에 비유하자면 여행지는 내가 살 곳, 비행기 티켓은 보증금, 여행경비는 가구 및 소품 비용에 해당하지 않을까? 이미 보증금이라는 거액의 티켓을 끊어둔 상황에서 집 꾸미기(여행)를 성공적으로 마치기 위해서는 철저한 계획을 세워야 한다. 먼저 사용 가능한 예산의 최대한도를 생각해보자. 그리고 자신의 여행 스타일에 맞는 숙소, 맛집, 명소를 찾아보며 여행 코스를 짜는 것처럼 공간에 필요한 물건들의 우선순위를 정해 장바구니에 하나씩 담아보자. 행복한 고민의 시작이다.

50만 원 미만,
가성비 갑 제품으로 원룸 꾸미기

드디어 꿈에 그리던 독립, 발품 팔아 예산에 맞는 원룸을 구하고 나니 이제 꾹꾹 눌러두었던 인테리어 욕심을 채울 차례다. 매일매일 인스타그램과 핀터레스트를 들여다보며 안목을 한껏 높여 놓았는데, 현실은 4평 원룸에, 있는 거라고는 달랑 이부자리 한 채와 6단 서랍장뿐이다. 수납공간이 턱없이 부족해서 창틀과 방바닥에 짐을 늘어놓고 지내는 게 일상이 되었다.

원룸으로 독립생활을 시작해 본 사람은 '여기 내 방 아니야? 이거 내 얘기 아니야?' 싶을 정도로 너무도 눈에 익은 풍광일 게다. 야심 차게 독립을 시작했지만 집 꾸미기에 앞서서는 뭐부터 해야 할지 막막하고, 예산 문제에 부딪쳐 높았던 꿈은 작아져만 가기 일쑤다. 예쁜 집에 살고 싶은데 갖고 있는 가구는 별로 없고, 예산은 턱없이 부족할 때, 그럼에도 불구하고 현실과 타협하고 싶지 않다면……, 방법은 있다. 예산에 맞게 선택과 집중을 하면 된다.

원룸 인테리어에서 가장 집중해야 할 두 가지 원칙은 '첫째 좁은 공간을 최대한 넓어 보이게 한다, 둘째 부족한 수납공간을 최대한 많이 확보한다'이다. 이 두 가지에 집중해서 예산을 편성하기만 해도 원룸 인테리어의 반은 성공한 셈이다. 예산에 기죽지 말고, 현실에 꺾이지 말고 예쁜 집 만들기의 꿈을 현실화하자.

예산에 맞춘 제품 구입과 배치 계획 세우기

독립하면 돈이 필요한 곳이 많다는 사실, 1인 가구의 삶을 시작한 초보 자취러(자취하는 사람)라면 절실히 느끼고 있을 것이다. 방 주인이 틈틈이 모아 준비한 집 꾸미기 자금은 50만 원, 어떻게 써야 예쁜 공간을 만들 수 있을까? 예쁘다고 무작정 사버리면 나중에 오히려 짐이 되기 쉽다. 협소한 공간일수록 꼭 필요한 것들만 구매해 조화롭게 배치해야 한다. 우선 갖고 있는 가구들을 점검해야 한다. 현재 사용하고 있는 가구 중 계속 사용할 만한 제품들을 골라내면서, 어떤 제품들이 필요한지 생각해보자.

이 원룸은 실평수 4평의 굉장히 좁은 공간에 속하지만 오히려 예산이 적은 상황에 알맞은 평수라고 할 수 있다. 자취 초년생이라 갖고 있는 가구가 많이 없었기에 필요한 가구 목록 작성부터 시작했다. 침대, 침구, 커튼, 수납용품, 화장대, 인테리어 소품 등 생활에 필요한 제품과 추가적으로 방 주인이 원하는 제품을 모두 작성한 후 예산을 분배했다. 여기서 중요한 것은 수납형 침대처럼 디자인과 기능이 동시에 충족되는 가성비 좋은 제품을 고르는 것이다. 구매할 제품을 미리 가상으로 배치해보면 쓸데없는 낭비를 막을 수 있다.

가상 배치도

협소한 공간일수록 꼭 필요한 것들만 구매해 조화롭게 배치하는 것이 중요하다.
우선 갖고 있는 가구들을 점검해야 한다. 현재 사용하고 있는 가구 중 계속 사용
할 만한 제품들을 골라내면서, 어떤 제품이 더 필요한지 생각해보자.

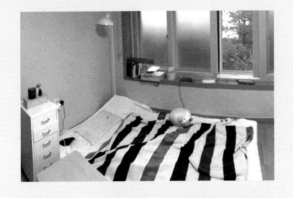

before

4평 원룸에, 이부자리 한 채와
6단 서랍장뿐! 수납공간이 부
족해서 창틀과 방바닥에 짐을
늘어놓고 지내고 있었다.

plan

가격대가 높은 제품부터 구매 계획을 세우면 예산을 분배할 때 조
금 더 쉽게 감을 잡을 수 있다. 수납공간이 부족한 이 공간에서는
수납형 침대가 필수여서, 예산의 35% 정도를 침대에 사용했다.
그다음으로 가격 대비 인테리어 효과가 큰 침구와 커튼 등 패브
릭에 나머지 예산을 적절하게 분배했다. 가구 배치 또한 덩치가
큰 제품부터 자리를 잡아주면 수월하다. 가장 부피가 큰 침대를
창가 쪽에 붙이고, 책상을 현관과 이어지는 왼쪽 공간에 배치하
기로 했다. 전신거울과 서랍장은 침대와 책상 사이로 계획했다.

구입할 목록

유형	브랜드	제품	옵션	가격
침대	보니애가구	아이비 서랍 슈퍼싱글 침대	SS	173,000
침구	데코뷰	양면ST 린넨 침구	SS	94,900
커튼	데코뷰	린넨 스타일 암막커튼	아이보리	63,900
거울	라샘	전신거울 시리즈	화이트 400×1700	54,000
커튼	데코뷰	호텔식 화이트 시폰 커튼	2폭	40,600
식물	양재 꽃시장	화분 2종		30,000
소품	에이블루	디자인 멀티탭 전선정리함		27,900
디자인소품	다이소	오프라인		10,000
			총계	494,300

가구는 큰 것부터 배치해 중심을 잡는다

예산의 가장 큰 비중을 차지한 건 침대다. 수납공간이 절실한 좁은 원룸에는 무조건 수납형 침대가 답이다. 또한 매트리스는 수면과 직결되는 제품이라 다소 가격대가 높아도 질이 좋은 제품을 선택해야 한다. 가구 배치는 큰 것부터 자리를 잡고, 작은 가구, 소품순으로 구상하는 것이 쉽다. 이 방의 경우 주방 싱크대, 화장실과 현관 입구 등을 고려했을 때 침대를 놓을 곳은 긴 면을 기준으로 창에 붙이는 것이 가장 알맞았다. 자연스럽게 책상은 현관과 이어지는 왼쪽 공간을 차지하고, 전신거울과 서랍장은 침대와 책상 사이 자리 잡게 되었다.

tip 암막과 시폰, 이중 커튼을
설치해 실용성과 인테리어
효과 모두 높였다.

tip 양면이 다른 디자인으로
된 침구는 두 가지 컨셉트로
연출할 수 있다.

분위기 끝판왕, 패브릭 인테리어

인테리어에 있어 패브릭의 중요성은 어마어마하게 크다. 보이는 면적이 크기 때문에 여러 가지 데코용품을 사서 꾸미는 것보다 패브릭에 집중하는 편이 훨씬 시각적으로 완성된 느낌을 준다.

침구는 양면이 다른 컬러로 된 제품을 선택하면 앞 뒤를 바꿔가며 두 가지 분위기를 낼 수 있다. 커튼은 재질과 색상에 따라 다양한 종류가 있는데, 재질로는 가장 인기 있는 제품이 시폰과 암막 커튼이다. 시폰 커튼은 흔히 속 커튼이라고 불리며, 얇고 하늘하늘해서 은은한 분위기 연출용으로 좋다. 다만 너무 잘 비치는 재질 탓에 앞집과 과도하게 생활 공유가 되어 부담스러워질 수도 있다. 사생활 보호를 원한다면 암막 커튼을 선택하면 된다.

시폰과 암막, 둘의 장점을 다 누리고 싶다면 이중으로 설치하면 된다. 이 경우 풍성한 느낌을 연출할 수 있어 더욱 아늑한 분위기가 된다. 창으로 들어오는 햇빛을 온전히 느끼고 싶다면 시폰으로, 주말에 해가 중천에 뜰 때까지 단잠을 방해받고 싶지 않다면 암막으로 필요에 따라 골라서 사용하면 된다.

생활용품이 즐비하게 늘어져 졸지에 수납공간으로 전락했던 창틀에는 간단한 소품들로 작은 포토존을 만들었다. 이런 소품들은 오프라인에서 구매하는 편이 훨씬 합

가구 배치는 큰 것부터 자리를 잡고, 작은 가구, 소품순으로 구상하는 것이 쉽다. 침대를 놓을 곳은 긴 면을 기준으로 창에 붙이는 것이 가장 알맞다.

리적이다. 직접 눈으로 보는 것과 차이가 큰 제품군 중 하나이기 때문에 마감 상태를 직접 확인하는 것이 좋다. 게다가 배송비도 무시할 수 없기 때문에 어느 정도 발품을 팔 것을 추천한다.

좁은 공간일수록 조명에 신경 쓰자

좁은 공간에서 조명의 힘은 더욱 극대화된다. 천장등과 같은 직부등 (천장이나 벽에 직접 설치한 전등)은 생활에 필요한 조도 확보를 위해 필수지만 인테리어 효과는 미미하다. 원룸에 활용할 수 있는 인테리어 목적의 조명은 크게 스탠드형과 무드등 2가지로 나뉜다. 스탠드형은 콘센트에 연결하여 사용하므로 코드 위치를 반드시 고려해야 한다. 전기를 끌어오기 어려운 위치라면 건전지로 작동되는 무드등을 사용하는 것이 적합하다.

조명은 기존에 갖고 있던 것으로 위치만 바꿔봤다. 방 주인은 침대 머리맡에 스탠드 조명을 두고 싶어 했는데, 양쪽 공간이 여유롭지 않아서 침대를 아래쪽으로 살짝 빼 스탠드를 둘 공간을 확보했다.

협탁이 있으면 더 좋겠지만 넉넉하지 않은 예산 때문에 더 이상 제품 구매는 어려웠다. 그래서 버리지 않고 보관했던 사과박스를 하얀 패브릭으로 가려 협탁을 대신하고, 그 위에 인형과 조화로 귀여운 공간을 연출했다.

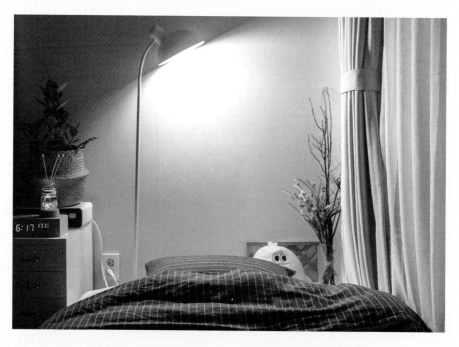

창틀에는 간단한 소품들로 작은 포토존을 만들었다. 침대맡에는 사과박스로 협탁을 만들고,
그 위를 인형과 조화로 장식했다.

tip
전선정리함으로 정돈과
충전, 에너지 절약을
동시에 할 수 있다.

tip
폭이 좁은 거울은
공간을 넓어 보이게
만드는 효과가 있다.

때로는 작은 디테일이 인테리어를 완성한다

침대 왼편으로는 갖고 있던 서랍장과 그 위에 전선정리함, 시계 등을 배치했다. 전선정리함의 경우 티가 잘 안 나지만 인테리어에서 꽤 중요한 역할을 맡고 있다. 정돈된 느낌을 주는 동시에 지저분한 것들을 가려주기 때문이다. USB 허브가 별도로 있어 휴대폰 충전도 가능하며, 버튼식 ON/OFF 전환으로 전기 절약까지 알뜰하게 책임져주는 가성비가 높은 제품이다.

서랍장 옆으로는 폭이 좁은 전신거울을 배치했다. 공간을 좀 더 넓어 보이게 하는 효과가 있고, 일반 화장대보다 공간을 적게 차지해서 좁은 원룸에 안성맞춤이다.

인테리어 노하우 하나 더. 조명과 식물을 활용하면 공간을 보다 풍부하게 연출할 수 있다. 시계 위에 올려둔 제품은 디퓨저인데, 받침에서 불빛이 나와 무드등처럼 활용할 수 있다. 은은한 향과 조명의 색감 덕분에 공간을 더 아늑하게 만들어 준다.

침대 발밑에는 식물을 배치했다. 양재 꽃시장에서 구매한 인도고무나무에 열매처럼 생긴 종이볼 조명을 믹스 매치해 색다른 느낌을 연출했다. 흔한 식물이지만 이렇게 조명과 함께 연출하면 하나뿐인 특별한 인테리어 소품이 된다.

불빛이 나오는 디퓨저는 무드등 역할도 한다.

평범한 식물에 조명을 달면 특별한 소품이 된다.

예쁜 집 꾸미기, 그 로망이 시작됐다

스타일링 이후, 방 주인으로부터 빔프로젝터를 구매했다는 소식이 왔다. 50만 원으로 꾸민 공간을 보니 더 욕심이 나더라는 얘기와 함께. 사실 빔프로젝터는 인테리어 계획을 세울 때부터 방 주인이 가장 갖고 싶어 하는 영순위 아이템 중 하나였지만 예산 때문에 포기했었다.

집을 꾸밀 때마다 매번 느끼는 거지만 집 꾸미기를 한 번에 끝내기는 어렵다. 특히 1인 가구는 돈이나 집주인과의 갈등 등 현실적인 문제로 기간이 늘어지기 마련이다. 그래서 조금씩 가능한 선에서 시작하는 것이 중요한데, 이 원룸은 적은 예산으로 최소한의 제품을 구입해 꾸민 사례였다. 이제부터는 방 주인의 몫이다. 이렇게 멋진 사진에서 알 수 있듯이 바뀐 공간에서 한 걸음씩 로망에 다가가고 있는 그녀가 더 멋져 보인다.

50~75만 원, 조립 가구로 예산을 낮춰
분리형 원룸 꾸미기

여행이 취미인 사람이 많아졌다. 새해 소망으로 여행을 꼽는 사람 또한 많다. 아예 여행이 직업인 사람도 늘었다. 길든 짧든 멀든 가깝든 여행이 즐거운 이유는 돌아올 집이 있어서가 아닐까.

이 분리형 원룸에 사는 방 주인은 지난 2년 동안 국내외 100여 곳을 여행했다. 여행지마다 100군데가 넘는 낯선 곳에서 묵고 나니 여행을 마치고 돌아오는 곳, 지친 여행자를 맞이하는 공간인 집에 예전과는 다른 애정이 생겼다. 그리고 '내가 집을 비운 동안 내 공간을 다른 이에게 빌려줄 수도 있겠다'라는 데까지 생각이 미쳤다. 여행으로 집을 비울 때마다 자신과는 반대로 여행으로 서울을 찾은 사람들과 집을 공유하기로 결심했다. 내친김에 홍대 근처에 5평짜리 분리형 원룸을 구했다. 국내외 100여 곳의 숙소를 경험한 터라 여행자에게 무엇이 필요한지, 어떤 방이 편할지, 다른 숙소와 어떻게 차별화할지 등의 아이디어가 무궁무진했다.

조립 가구가 예산 문제의 훌륭한 해결책이 된다

어떻게 꾸며야 여행에서 돌아온 지친 몸을 잘 쉴 수 있을까? 우리나라를 처음 찾은 여행자에게는 어떤 즐거움을 줄 수 있을까? 즐거운 상상을 하며 집 꾸미기 계획이 시작됐다. 수많은 여행 경험으로 여행자에게 필요한 것들은 줄줄이 꿰고 있었고, 하고 싶은 인테리어 아이디어도 무궁무진했지만 언제나처럼 돈이 문제였다. 좁은 공간 또한 문제로 다가왔다. 5평이란 여행자들이 쉬기에는 충분하지만, 방 주인의 인테리어 욕심을 채우기에는 턱없이 모자란 공간이었다.

부족한 예산을 타파할 해결책은 바로 몸으로 때우는 것! 조립식 가구를 사면 완제품보다 훨씬 돈을 절약할 수 있다. 요즘은 친절하게 그림으로 된 설명서가 동봉되어 있어 누구나 쉽게 조립할 수 있다. 설명서나 매뉴얼에 울렁증이 있다면 지인 찬스를 써보도록 하자.

가구는 3D 작업으로 가상 배치부터 해본다

분리형 원룸은 개방형 원룸과 달리 문으로 주방과 방이 분리된 형태라서, 문이 있는 벽을 제외하고 3면을 모두 활용할 수 있다. 개방형 원룸보다는 일반적인 아파트의 방 구조에 가까워서 다양한 방법으로 배치를 시도해 볼 수 있다. 조립식 가구는 저렴한 대신 선택의 폭은 그리 넓지 않다는 제한점이 있다. 그 한계를 적절한 가구 배치로 극복할 수 있다.

전문가가 아닌 이상 어떤 가구를 봤을 때 '우리 집에 두면 어느 정도 공간을 차지하겠군' 하고 가늠하기는 어렵다. 전문가들도 가구 구매 전에 실측한 치수에 맞게 3D 작업을 해봐야 정확하게 감을 잡을 수

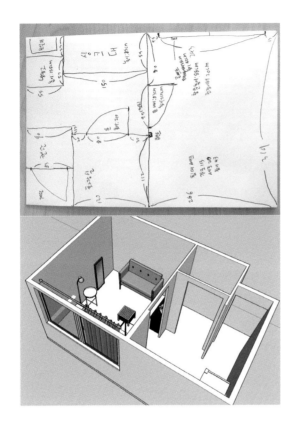

실측한 손 도면(위)
과 Sketchup 프로
그램으로 가상 배
치해본 이미지(아래)

있다. 기본적인 배치에 대한 감이 전혀 안 잡힌다면 3D 프로그램을
이용해 실제 구매와 배치 전에 가상으로 먼저 배치해보기를 추천한
다. 요즘은 일반인도 활용할 수 있는 2D, 3D 프로그램이 많아 누구나
쉽게 도면을 그리고 배치를 구상할 수 있다.

웹사이트 플로어플래너(https://floorplanner.com)
어플 magicplan / Floor Plan Creator / IKEA Place
프로그램 스케치업(https://www.sketchup.com)

구입할 목록

유형	브랜드	제품	옵션	가격
커튼	데코뷰	호텔식 화이트 시폰 커튼	2폭×2장_230	76,000
침구	데코뷰	시크 워싱 그레이 이불세트 & 면패드	SS	71,900
패브릭	데코뷰	모던에스닉/스칸민트드로잉 러그	모던 에스닉 러그 (그레이)_한평	69,800
시트지	한화L&C	보닥 타일	허니컴 모노 화이트 (20장)	66,800
소품	이소품	모넬리 육각 스트랩 거울		59,900
소가구	잉카원목가구	모던 화이트 원목 콘솔테이블		59,000
패브릭	보웰	빈티지코튼 대방석(150×70)		54,940
조명	라이트하우스	필렛 4등 직부등		48,000
소가구	먼데이하우스	선반행거 & 5단 선반 시리즈	선반행거	30,900
소품	하우스레시피	갤러리 테이블	유칼립투스 L	29,800
소품	이소품	캔빌리지 원형 수납장	3단-화이트	29,500
소품	묵스	무소음 벽시계 4종	콘크리트 스타일 무소음 시계	21,000
소품	비믹스	오뚝이 화병		20,300
소품	줄라이닷츠	줄라이닷츠 지도 시리즈	세계지도_M./ 블랙	20,000
소가구	마켓비	MAKA 에펠의자		20,000
조명	마켓비	RUSTA 장스탠드	화이트	19,400
패브릭	보웰	빈티지 코튼 쿠션 / 방석커버		17,500
기타		잡비		35,260
			총 계	750,000

가상 배치도

처음 배치를 구상할 때 막막하기 마련, 일단 기존 가구와 새로 구입 예정인 가구
모두 리스트로 적고 치수를 참고해 그려본다. 그다음 덩치가 큰 가구부터 빈 공간
으로 옮겨보면서 공간의 여유가 되는지 확인한다. 만족스러운 배치가 나오지 않는
다면 다른 가구로 교체해보면서 수정 보완해나가면 된다

before

주방과 분리된 방은 침대 하
나만으로 꽉 차서 마땅한 배
치를 시도하지 못한 상태였다.

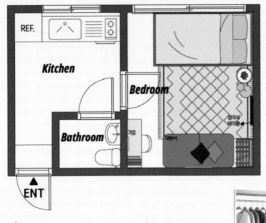

plan

기본적으로 큰 가구는 어느 정도 갖추고 있는 원룸이
라 공간 활용과 수납을 배려한 조립식 기능성 소가구
와 패브릭 구입에 예산을 편성하고 전체적인 인테리어
컬러를 바꿔 좁은 공간을 넓어 보이게 계획했다.

좌식 인테리어와 밝은 색감으로 공간을 더 넓어 보이게

침대의 긴 면을 창에 붙이고, 창 맞은편 공간에 대방석과 쿠션으로 좌식생활을 할 수 있는 공간을 만들었다. 처음에는 소파까지 욕심을 냈지만, 침대로 이미 공간의 1/3이 꽉 찼기 때문에 소파를 놓을 공간이 마땅치 않았다. 대방석을 소파 대용으로 둔 뒤 그 양쪽에는 옷을 보관할 수 있는 행거와 화장대처럼 사용할 수 있는 폭 좁은 책상을 배치했다.

침대를 창에 붙이는 배치는 성향에 따라 신중하게 선택해야 한다. 넓은 창이 돋보이는 효과가 있으나 단열 공사가 잘 안된 집이나 노후 건물인 경우 창문 틈새로 스며드는 외풍의 우려가 있기 때문이다. 추위를 잘 타는 체질이라면 최대한 안쪽에 침대를 배치하거나, 외풍 차단 제품을 사용하는 것도 방법이다.

큰 창의 장점을 살리기 위해 커튼은 시폰 재질을 선택했다. 창에 불투명 시트지가 붙어 있어, 창 밖 시선에 대한 부담이 없었다.

외풍 차단을 위해서는 일명 뽁뽁이라고 불리는 에어캡을 보편적으로 사용하며, 창문 틈새를 막아 주는 제품도 있어 추가로 설치하면 조금이라도 더 냉기를 차단할 수 있다.

좌식 인테리어는 시선을 아래로 끌어당겨 좁은 공간을 더 넓어 보이게 만드는 효과가 있다. 대방석은 이동이 자유로워 소파 위나 침대 등받이 쿠션 대용 등 활용도가 높다. 또한 푹신푹신한 착석감에 한 번 앉으면 자꾸 드러눕게 되는 마성의 매력이 있기도 하다.

좁은 공간을 넓어 보이게 하는 또 하나의 방법은 컬러의 사용이다. 화이트 컬러는 공간을 탁 트여 보이게 만들어 주며 깔끔하고 정돈된 인상을 준다. 게다가 인테리어 가구나 소품 가운데 화이트 톤이 많아 선택의 폭이 넓어 전체적인 인테리어 톤을 맞추기도 수월하다. 유일한 단점은 유지 관리가 어렵다는 것인데, 이 부분은 부지런함으로 극복하거나 다른 컬러와 함께 조합하는 방식으로 해결할 수 있다.

전체적인 분위기에 맞게 바닥 장판까지 교체하려 했으

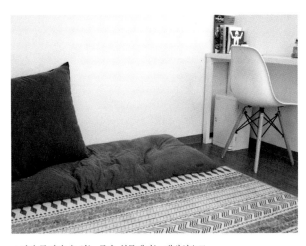

소파가 들어갈 수 없는 좁은 원룸에서는 대방석으로
소파의 아늑함을 대신할 수 있다.

tip
헤드가 없는 침대에는
쿠션이 헤드 역할을 할
수 있다.

tip
바닥 장판 교체가
어려울 때에는 러그가
훌륭한 대안이 된다.

tip
수납력을 자랑하는
수납장이자 침대
옆 협탁의 역할을
해낸다.

나, 비용이나 월세집임을 감안했을 때 러그가 최선의 선택이었다. 밝은 색상의 장모 러그는 여러 여행객을 맞이하기에 관리상 어려움이 있어 카펫 소재의 패턴 러그를 매치했다. 러그만 계절에 따라 교체해줘도 다른 스타일을 연출할 수 있는데, 보통 여름철에는 단모 러그를, 겨울철에는 장모 러그를 사용한다. 털 빠짐과 먼지 청소가 걱정된다면 카펫 소재를 추천한다.

공간이 좁을수록 기능성 제품을 활용한다

공간이 협소하기에 제품 하나로 다양한 용도가 있는 기능성 제품을 우선적으로 고려했다. 그중에서 단연 으뜸은 갤러리 테이블인데, 평상시엔 데코용으로 무심하게 툭 세워두었다가 손님이 오면 탁 펼쳐서 테이블로 사용할 수 있다. 침대 옆에 둔 원형 수납장도 침대 협탁 역할을 소화해냄과 동시에 내부 공간이 상당히 넓어 수납까지 해결해 준다. 좁은 공간이라면 이처럼 2가지 이상의 용도로 사용할 수 있는 기능성 제품을 활용하는 것이 좋다.

조립 가구의 선택으로 비용은 낮아졌지만 반비례로 노동력은 상승했다. 다행히도 비교적 조립이 간단한 제품들이라 단시간 내에 작업을 마칠 수 있었다. 조립 가구의 또 다른 장점은 이사 때 빛을 발한다. 분해 또한 가능하니, 부피를 줄여 운반할 수 있기 때문이다. 가구 조립과 분해 시 필요한 드릴이나 드라이버 등 공구들은 집 근처 철물점이나 관공서에서 대여가 가능하니 평소에 집에 모셔두지 말고 이사할 때만 빌리는 것도 방법이다.

여행객들의 외투나 간단한 짐 등을 보관할 수 있는 행거를 선택했는데, 옷이 많은 편이라면 세트 상품으로 구성된 선반을 함께 구입해 수납력을 높이는 것도 좋다. 침대 옆에는 엄청난 수납력을 자랑하는 원형 수납장을 배치했다.

독특한 소품으로 인테리어 포인트 주기

어느 정도 배치를 하고 나서 허전한 벽이 고민된다면 포스터를 활용해 보자. 마스킹 테이프만으로 고정이 가능해서 못질 하나에도 눈치를 봐야 하는 세입자들에게 추천한다. 여행을 좋아하는 방 주인을 위해 세계지도 포스터를 선택했는데, 이미 다녀온 나라, 곧 여행 갈 나라 등을 컬러 스티커로 표시할 수 있어 더 특별한 인테리어 소품이 되었다. 꼭 커다란 포스터가 아니어도 괜찮다. 엽서나 영화 포스터 등 사소한 것들도 방 주인의 취향을 드러내는 인테리어 소품으로 활용할 수 있다.

한쪽 벽면에는 화장대 겸용으로 쓸 수 있는 콘솔 테이블과 벽 거울을 배치했다. 원형 거울을 계획했었는데 단조로운 느낌이 강해서 독특한

천장 조명을 교체할 때에는 안전을 위해 누전차단기를 내려주고, 전열 장갑을 착용하는 것이 좋다.

디자인의 헥사곤(육각형) 거울을 매칭 했다.

마지막 인테리어 포인트, 조명 교체다. 원래 달려 있었던 차가운 느낌의 주광색(백색) 형광등을 떼고 따뜻한 전구색의 4등 조명을 설치했다. 외국에서는 흔히 전구색을 조명으로 사용하지만, 우리나라에서는 주광색을 전체 조명으로, 전구색을 간접 조명으로 사용하는 추세다. 칼을 다루는 주방이나 독서, 컴퓨터 작업을 하는 서재에는 주광색 조명이 적합하지만 그 외의 용도로는 전구색도 전체 조명으로 손색이 없으며 실내를 따뜻한 느낌으로 바꿔준다.

너무나 바꾸고 싶은 주방 타일, 시트지로 저렴하게!

침실 인테리어에서 절약한 예산을 주방 인테리어에 투자해 볼 차례다. 사실 대대적인 공사 없이 주방 인테리어에 큰 변화를 주기란 어렵다. 공사 없이, DIY로 바꿀 수 있는 영역이 딱 하나 있는데 바로 시트지를 활용하는 방법이다. 주방 상하부장이나 타일에 붙여 낡고 지저분한 부분을 새것처럼 덮어주면 된다. 꼼꼼히 뜯어보면 실제 타일 질감과는 다소 차이가 나지만, 가격 대비 효과와 만족도는 충분히 높은 편이다.

시중에는 다양한 모양과 색깔, 디자인의 타일시트지가 나와 있다. 방 주인은 작은 육각형 타일 디자인을 선택했다. 한 장씩 가장자리부터 차근차근 붙여가면 되는데, 초보라면 연습이 필요하다. 접착력이 매우 강해서 잘못 붙이면 떼기 어려운 게 단점이다. 육각형 모양의 타일은 각각의 이음새 부분을 정확하게 맞춰야 해서 초보자에게 적합하지 않다. 초보자나 손재주가 없는 사람이라면 비교적 붙이기 쉬운 직사각형 또는 정사각형 디자인을 추천한다.

타일시트지로 변신한 주방　타일 시트지를 붙일 때에는 시작 위치를 잘 정해야 한다. 가장자리에서 안쪽으로, 위에서 아래로 작업하는 것이 편하다. 작업 전 시트지 붙일 면을 깨끗하게 닦는 것도 잊지 말자.

타일시트지를 붙인 주방 Before & After 시트지 작업이 끝난 주방에는 원목 주방용품들을 비치했다. 창가에는 압축봉을 활용해 길이가 짧은 바란스 커튼(커튼 상단에 덧대거나 주방과 같은 작은 창에 다는 짧은 커튼)을 달아 집의 전체 톤과 맞지 않는 갈색 창틀을 살짝 가려줬다.

상상만 하던 공간, 현실이 되다

방 주인이 그동안 모아 온 자료들과 다양한 아이디어, 그리고 뚜렷한 의견 개진은 모두가 만족하는 아늑한 공간이 탄생하는 데 큰 역할을 했다. 여전히 여행을 사랑하는 방 주인은 이 원룸을 1호로 시작하여 이제는 여행자를 위해 만든 공간이 7개로 늘었다. 이제야 인테리어를 좀 알 것 같다며 계속해서 다양한 시도를 하고 있다.

원룸 인테리어에서 전문가가 해줄 수 있는 역할은 딱 두 가지다. 의뢰인이 원하는 공간을 찾아내는 것, 그리고 실현해내는 것. 실현하는 방법을 알려주고 컨셉트에 맞는 제품을 큐레이션 하는 것은 간단하다. 하지만 각자가 원하는 공간을 이끌어내기란 상당히 어렵다. 본인이 원하는 공간에 대해 상상해 본 적이 없다면 지금부터라도 이 방의 주인처럼 구체적으로 하나씩 생각해보며 자료를 수집해 나가는 것은 어떨까?

75~100만 원으로
기둥이 튀어나온 노후 원룸 환골탈태

서울 상경과 동시에 생애 첫 독립! 이 방 주인은 부산에서 나고 자라 취업 준비를 위해 서울행을 결정했다. 항상 서울 라이프를 동경해왔는데 드디어 기회가 왔다. 서울살이의 꿈에 부풀어 집을 알아보는데 집값은 비싸고 방은 왜 이리 작은지…. 취업 문턱만 높은 줄 알았더니 서울살이 문턱은 더 높고 인테리어 입문은 더더욱 멀게만 느껴졌다. 원룸은 다 반듯한 사각형인 줄만 알았는데 튀어나온 벽은 왜 이리 많은지, 그 덕에 가구들을 어디에 둬야 할지 도통 감이 안 잡힌다.

신축 원룸이라면 기본적으로 구조나 상태가 좋지만, 퀄리티는 항상 가격과 비례하기 마련이다. 예산에 맞춰 구한 집은 기대했던 바와는 달리 튀어나온 요철과 건물의 이전 용도가 의심될 정도의 이상한 구조가 대부분이다. 오래된 건물일수록 상태는 더 심각하다. 하지만 제품은 많고, 해결 방법은 늘 있다. 이 세상에는 이상한 구조에도 딱 맞는 맞춤형 가구가 분명 존재하기 때문이다.

before 가구는 제 자리를 찾지 못하고, 생뚱맞은 겨자색 암막 커튼이 달려 있었다.

짜인 구조를 활용해 공간 나누기

이 원룸은 실평수가 6평 정도로 큰 편이나 화장실이 커서 침실로 활용할 수 있는 공간이 작았다. 최대 100만 원의 예산을 약 8:2 비율로 나눠 가구와 인테리어 데코용품 예산으로 책정했다. 원룸에 옵션으로 침대와 TV가 있었으나 공간을 효율적으로 사용하기 위해 이 둘을 사용하지 않기로 하고 계획을 잡았다.

취업 준비생인 방 주인에게는 무엇보다 집중할 수 있는 공간이 필요했는데, 구조적으로 양쪽이 막힌 공간이 있어 그곳을 최대한 활용해 보기로 했다. 그래서 보일러실과 냉장고 사이 안쪽으로 푹 들어간 양쪽이 막힌 공간에 책상을 배치했다. 2차로는 가장 큰 가구인 침대를 창가에 배치하기로 했다. 다른 방향으로는 침대가 아예 들어가지도 않아 선택의 여지가 없었다.

구입할 목록

유형	브랜드	제품	옵션	가격
가구	리샘가구	캐더린 수납침대 SS	프레임만	179,000
커튼	데코뷰	호텔식 화이트 시폰 커튼	2폭×2장_230	76,000
침구	데코뷰	밀크스타 자수 침구	SS 이불세트	69,900
커튼	데코뷰	린넨 스타일 암막 커튼	아이보리 1폭 2장 세트	63,900
소가구	라샘	전신거울 시리즈	400 전신거울	54,000
소가구	두닷모노	레이 좌식 수납 화장대	라이트오크	54,000
조명	마켓비	OMSTAD 장스탠드	앤틱블랙	44,900
가구	마켓비	책상 2종	OLLSON 책상 -화이트	41,900
소가구	두닷모노	버니 쿠션 체어	블랙	34,900
소품	에이블루	디자인 멀티탭 전선정리함	박스탭_USB형	34,800
패브릭	하우스레시피	갤러리 테이블 6종	L / 유칼립투스	29,800
조명	룸앤홈	브루클린 테이블스탠드 3colors	화이트	26,900
소품	라이크하우스	인테리어 타공판 수납보드(화이트)	4호(535×740)	24,000
시트지	마켓비	LEITER 4단 사다리 선반	좁은형 / 화이트	15,500
패브릭	데일리라이크	150×60 Rug-06 Indi pink		14,000
소품	봄날프로젝트	인테리어 포스터 북유럽 액자 핑크 사막		13,000
조명	스토리로드	코튼볼 조명	눈꽃(그레이/핑크/ 라이트베이지)	12,900
기타		잡비		60,600
			총 계	850,000

가상 배치도

구조가 특이한 공간은 배치가 제한적이다. 특히 기둥처럼 튀어나온 요철(凹凸) 공간은 배치할 가구나 소품의 치수를 구입 이전에 정확하게 파악하는 것이 중요하다.

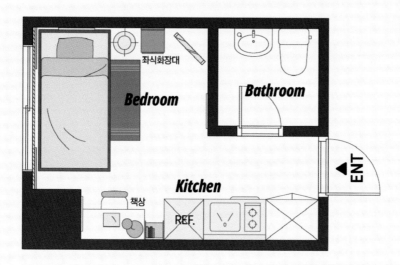

plan

이 원룸의 최대 단점인 튀어나온 기둥을 활용해 방 주인에게 가장 필요한 작업 공간인 책상을 배치하기로 했다. 구조적으로 양쪽이 막혀 집중할 수 있는 공간이다. 2차로는 가장 큰 가구인 침대를 창가에 배치하기로 했다. 다른 방향으로는 침대가 아예 들어가지도 않아 선택의 여지가 없었다. 그다음 조명과 패브릭으로 집중력을 더 높이는 공간을 계획했다.

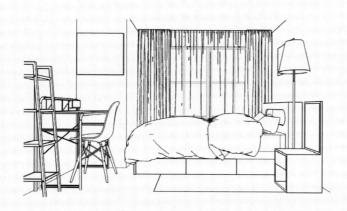

조명과 패브릭으로 집중력과
분위기 동시에 살리기

이제 인테리어 데코용품들의 배치 계획을 세울 차례인데 그 첫 번째로 조명을 꼽을 수 있다. 노란 조명을 좋아하는 방 주인 취향에 맞춰 전구색 조명의 효과를 최대한 살리는 방향을 고민했다. 과한 조명은 부자연스러운 느낌이 들고, 관리도 어렵기 때문에 적절한 위치에 적절한 제품을 사용하는 게 조명 인테리어의 관건이다.

침대 옆의 플로어스탠드는 쉐이드 덕분에 조명이 더 은은하게 퍼져 이것 하나만으로도 충분히 아늑한 공간을 연출할 수 있다. 침대 옆에 협탁이 없어서 테이블스탠드가 아닌 플로어스탠드를 선택했다. 인테리어 배치에서 초보자가 흔히 저지르는 실수 중 하나가 높낮이의 밸런스다. 높낮이가 급격하면 심리적으로 불안한 느낌이 들고 어색하기 때문이다. 플로어스탠드를 침대 위 액자와 좌식 화장대 사이에 놓음으로써 높낮이의 균형을 잡아줬다.

침대 헤드의 수납공간에도 노란 간접 조명이 숨어 있다. 하단에 있는 스위치로 작동되며 취침 전 독서등이나 분위기를 살리는 무드등으로도 활용하기 좋다. 이 침대는 간접 조명 내장형이지만, 사용하던 침대 헤드나 프레임 바닥 등에 조명을 설치하고 싶다면 테이프처럼 잘라서 사용하는 제품을 설치하면 된다.

침대 주변 공간에 집중적으로 조명을 배치했다. 노란 조명은 아늑한 분위기 연출에 탁월한 효과가 있으며 취침 전 숙면에도 도움을 준다.

tip
플로어스탠드의
쉐이드가 호텔 같은
분위기를 연출해준다.

tip
조명과 톤을 맞춰 아이보리
컬러의 암막 커튼을
선택했다.

tip 좌식 화장대는
협탁 겸용으로
활용하기 좋다.

침대 헤드 위쪽에는 작은 오브제들을 나란히 올려 장식했다. 침대 옆 협탁 겸용 좌식 화장에는
코튼볼 조명을 한 데 모아 풍성하게 연출했다.

침대 옆 좌식 화장대 서랍 아래 공간에는 무선 코튼볼 조명을 활용해 꾸며보았다. 건전지로 사용하는 제품이라 선 처리 문제나 공간의 제약 없이 자유롭게 활용할 수 있다. 이밖에도 벽에 걸어두거나 트리 장식 등 다양하게 연출할 수 있다.

기존의 겨자색 커튼은 거둬내고 아이보리 암막 커튼과 시폰 커튼을 매칭 했다. 화이트 침구와 어울리는 시폰만 달기에는 창문 밖으로 앞 건물의 옥상이 훤히 보여서 이중 커튼 방식을 선택했다.

공간에 방 주인의 개성 불어넣기

액자는 원룸에 개성을 부여하는 아이템으로 어떤 아트웍이 액자 속에 들어가냐에 따라 분위기가 확 달라진다. 액자는 고려해야 할 사항이 많아 초보자에게는 다소 까다롭게 느껴질 수 있다. 우선 집 안의 벽 중에 허전하거나 급격한 높낮이 인테리어로 중간에 밸런스를 잡아 줘야 할 곳 등을 선택한다.

액자를 걸 공간이 마련되었다면 액자 사이즈를 정해야 한다. 시중에 판매되고 있는 액자 규격을 참고해 다른 가구들과 균형이 맞는 사이즈를 찾으면 된다. 다음으로 아트웍이다. 이 원룸을 기준으로 설명하자면 공간에 들어간 색과 조화를 이루면서도 포인트가 되도록 인디언핑크 색상이 돋보이는 작품을 선택했다. 액자 프레임은 노란 조명들과 어울리는 골드 프레임으로 골랐다. 이처럼 다른 가구나 소품들에 사용된 색상에 맞는 작품을 선택한다면 실패 확률을 줄일 수 있다. 액자는 못질 없이 액자를 걸 수 있는 꼭꼬핀을 활용해 달아주었다.

BONUS 꼭꼬핀으로 벽에 액자 걸기

사실 월세로 지내면 벽에 못 하나 박기도 눈치
보인다. 그렇다고 허전한 벽을 그대로 둘 수는 없
는 법. 못 없이도 액자를 걸 수 있는 꿀템, 꼭꼬
핀을 사용해보자.

1 먼저 원하는 위치에 액자를 대고, 어플을 이용해 수
평을 확인한다.

2 같은 상태에서 연필로 꼭꼬핀 설치할 위치를 연하
게 표시해 준다.

3 벽과 사선(45° 각도)이 되도록 꼭꼬핀을 위치시킨다.
그 후 벽의 안쪽이 닿을 정도로 꼭꼬핀을 깊숙이 넣
는다.

　• 깊숙이 들어가지 않을 경우 액자가 제대로 걸리지 않을
　　뿐더러 벽지가 뜯어지는 일이 발생할 수 있다.

4 그 위로 살포시 그림을 걸어주면 끝!

　• 꼭꼬핀 크기에 따라 견딜 수 있는 최대 하중이 다르니, 구
　　매 전 반드시 확인해보자.

수납공간 최대한 확보하기

주방 쪽 붙박이장과 신발장을 제외하면 이 원룸에는 수납공간이 전혀
없었다. 부족한 수납공간을 해결하기 위해 옵션으로 있던 침대를 포
기하고 수납형 침대를 선택했다. 보통 침대 아래가 죽은 공간인데, 이
제품은 매트리스 아래가 전부 수납공간이다. 벽으로 붙는 반대편은
이용하려면 매트리스를 옮겨야 하는 번거로움이 있지만 철 지난 옷이
나 자주 사용하지 않는 부피가 큰 제품을 보관하기에 좋다.

붙박이장과 보일러실 사이에 전신거울이 붙어 있던 틈새 공간을 취업
준비생인 방 주인을 위해 집에서 공부할 수 있는 공간으로 만들었다.
책상과 폭이 좁은 선반을 일렬로 배치하여 필요한 책들은 선반에 보

ㄷ자 형태로 움푹 들어간 공간에 책상과 선반을 딱 맞게 배치해서 공부나 작업을 위한 집중력과 수납력을 높였다.

관할 수 있도록 했다. 이 공간은 안으로 들어가 있어 집중이 잘되는 반면 형광등 빛이 약하다는 단점이 있어 책상 위에 올려 쓰는 테이블 스탠드로 보완했다.

전신거울이 붙어 있던 벽에는 타공판을 설치했다. 타공판은 수납, 데코 등 다양하게 사용할 수 있는데 액세서리를 추가하면 더욱 개성 있게 꾸밀 수 있다. 타공판 내부에도 LED 조명을 설치해서 이렇게 작은 부분까지 노란 조명으로 통일감을 줬다. 건전지형 와이어 전구를 따로 구매해서 타공판 안쪽 가장자리에 설치했는데, 아예 타공판과 조명 일체형도 있다.

책상 위에는 스탠드, 시계, 필기구만 올려 집중하기 좋은 환경을 만들었다.
벽면에는 타공판을 걸어 포인트를 줬다.

집돌이, 집순이가 되는 순간

방 주인이 집을 연애에 비유한 말이 오래도록 기억에 남는다. 집에서 뒹굴거리는 게 한없이 좋고 밖에 나오면 얼른 집에 들어가고 싶다가도, 어떤 날에는 들어가기 싫고 집안일도 귀찮아지는 게 마치 집이랑 연애하는 것처럼 좋았다가 싫었다가 하는 것 같다며.

격하게 공감한다. 연애할 때 상대방을 배려하고 챙기는 것처럼 집도 애정을 갖고 가꿔야 한다. 방 주인은 인테리어 완성 후 자신의 공간에 한눈에 반해 애정을 갖게 되었고, 현재는 자식처럼 아끼며 부지런히 가꿔 나가고 있단다. 가족과 떨어져 지내는 타지 생활 속 자식 같은 공간에서 위로를 얻고 성장하길 바란다.

100만 원대로
투룸 같은 원룸 꾸미기

자취 생활 10년 차, 잦은 이사로 익숙해질 법도 한데 여전히 이사는
피곤하고 정리는 안 된다. 새 학기가 시작될 때마다 이사하다 보니, 과
제 폭탄에 집도 폭탄이라 자취에 대한 로망이 사라진 지 오래다. 덮고
잘 이불 한 장에 내일 입고 나갈 옷만 꺼내놓고 이사 첫날 밤을 보내
기 일쑤다. 그런데 이 첫날밤이 이틀 밤이 되고 한 달이 되고, 석 달이
되고….

자취 경력이 무려 10년인 이 방의 주인도 비슷한 상황이었다. 학교 생
활에 지쳐 방을 예쁘게 꾸밀 엄두조차 내지 못했다. 그러다 보니 어느
순간 현재의 방에 익숙해져서 '그동안도 이러고 잘 살았는데, 굳이 집
을 꾸며야 할까?'라는 생각마저 들었다.

이런 라이프스타일이 반복되다 보면 현재의 집 상태에 별다른 불편함
을 느끼지 못해 예쁜 집에 대한 로망은 까마득히 잊게 된다. 눈 앞에
닥친 일에 정신이 팔려 그야말로 집은 뒷전인 생활이 반복된다. 방 주

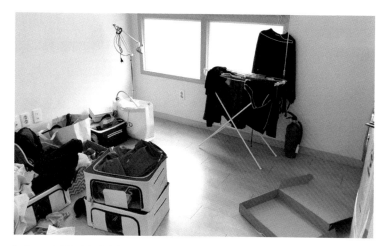
before 이사한 지가 언젠데 그 후로도 한참 동안 방치되어 있던 짐들로 어수선했다.

인에게는 이런 생활에 마침표가 필요했다. 첫 자취가 끝까지 가란 법은 없다. 첫 단추를 잘못 끼웠다고 해서 이상한 옷차림으로 계속 돌아다닐 필요는 없지 않은가. 이사를 계기로 새로운 집에서 다시 시작하면 된다. 집 나간 자취 로망을 실현할 기회가 다시 찾아왔다.

전체적인 인테리어 방향 정하기

이 공간은 집의 정가운데에 붙박이장이 있는 상당히 특이한 구조로 인테리어 계획을 세우기에 다소 까다로운 조건이었다. 하지만 계획 세우기에 따라 이런 단점과 제약을 장점으로 바꿀 수 있다. 먼저 붙박이장을 기준으로 주방이 있는 오른쪽 공간을 거실로, 왼쪽 공간을 침실 및 공부방 용도로 구분하면 원룸을 투룸처럼 활용할 수 있다.

따뜻한 색감을 선호하는 방 주인의 취향을 고려해 전체적인 톤은 밝고 따뜻한 색감으로 맞추고 그에 맞는 가구와 소품을 골랐다. 침대, 소파 등 큰 가구의 교체까지 염두에 두고 예산은 100만 원대로 여유롭게 잡았다.

집 꾸미는 과정 중 가장 오래 걸리고 가장 어려운 단계가 바로 제품을 고르는 단계다. '이것도 좋고, 저것도 좋은데 어느 걸 고르지?', '내 방에 뭐가 어울리는지 모르겠어!' 등 결정장애를 겪다가 지인에게 물어보면 더더욱 헷갈리기 일쑤다. 여기서 꿀팁은 평소 원하는 스타일의 이미지를 모아놓고 그중에서 공통점을 찾아보는 것이다. 계속 겹치는 부분을 찾다 보면 내 마음속 깊숙이 자리 잡은 나만의 취향이 자연스레 떠오른다.

좋아하는 스타일의 가구로 공간을 채우고 난 뒤에는 거기에 맞는 예쁜 소품을 추가해야 비로소 인테리어가 완성된다. 어울리는 소품을 고르기 힘들다면, 우선 톤부터 맞춰보자. 기본적으로 공간이 가지고 있는 톤(기존 가구, 바닥, 벽지, 몰딩 등)과 어울리기만한다면 절반은 성공이라고 볼 수 있다.

구입할 목록

유형	브랜드	제품	옵션	가격
매트리스	슬로우	slou 메모리폼 토퍼 시리즈	슈퍼싱글(SS)	389,000
가구	PLZEN	아담 2인용 패브릭패턴 방수 소파 오프화이트		255,000
소가구	퍼니처랩	노리 라탄 서랍장		219,000
침대	보니애가구	아이비 서랍 슈퍼싱글 침대		168,900
가구	두닷모노	레오 선반 책상		89,000
커튼	데코뷰	호텔식 화이트 시폰 커튼	2폭x2장_230	76,000
소가구	먼데이하우스	선반 행거 & 5단 선반 시리즈		61,800
조명	이케아	ANTIFONI 안티포니 플로어스탠드/ 독서등. 니켈 도금		59,900
소가구	먼데이하우스	접이식 테이블 시리즈	A 테이블	56,900
조명	마켓비	OMSTAD 장스탠드	실버	54,900
소가구	두닷모노	레이 좌식 수납 화장대	아이보리	52,900
소품	에이블루	디자인 멀티탭 전선정리함	박스탭_USB	33,900
침구	데코뷰	그레이안 리플 여름 이불	이불세트 SS	33,800
소품	RYMD	드라이 유칼립투스 캔버스 액자		23,000
소품	RYMD	리브 레프 러브 캔버스 액자		23,000
소품	루무드	레더 월포켓		19,600
패브릭	한일카펫	터치미 러그 100x150cm		16,200
소품	무아스	LED 시계	화이트 미니 LED	15,900
			총 계	1,648,700

가상 배치도

배치에 있어 움직일 수 있는 것과 고정된 것을 구분해야 한다. 빌트인 가구는 이동이 불가능한 대표적인 경우로 이를 제외하고 활용할 수 있는 벽면을 먼저 파악해보자. 그런 다음 큰 덩어리로 공간을 나눈 후 각 공간에 필요한 가구들을 배치하면 된다.

plan

정가운데 붙박이장이 있는 특이한 구조의 단점을 장점으로 바꾸어 붙박이장을 기준으로 주방이 있는 오른쪽 공간을 거실로, 왼쪽 공간을 침실 및 공부방으로 계획했다. 이렇게 하면 원룸을 투룸처럼 활용할 수 있게 된다.

공간 분리의 기준이 된 붙박이장

원룸을 투룸처럼 효율적으로 활용하기 1: 거실 & 다이닝 공간

원룸에서 독립된 거실을 확보하기란 꽤 어려운데, 이 공간은 단점이랄 수 있는 독특한 구조 덕분에 주방과 맞닿아 있는 공간을 거실 겸 다이닝 공간으로 계획할 수 있었다. 거실에는 2인용 패브릭 소파와 테이블을 중심으로 양 옆에 작은 행거와 플로어스탠드를 배치했다.

소파 위쪽으로는 크기가 같은 캔버스 액자 2개를 나란히 걸어 포인트를 줬다. 캔버스 액자는 프레임과 아트웍이 분리된 제품과 달리 단독으로 사용할 수 있고, 가벼워서 벽에 걸기에 부담이 없다. 벽면에 세워

tip
동일한 사이즈의 액자 두 개를 활용하면 공간이 더 꽉 차 보인다.

tip 접어서 보관할 수 있는 테이블은 공간의 활용도를 높여준다.

tip
플랜트박스는 붙박이장의 어색한 위치를 가려 공간 분리를 돕는다.

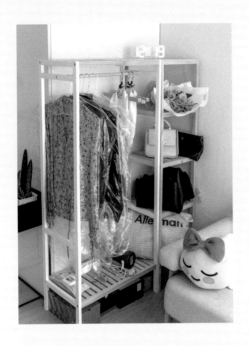

조립식 선반과 행거를 조합해 용도별로 옷과 가방 등을 분류해 수납했다.

필터를 입힌 것처럼 몰라보게 공간의 느낌이 바뀐 다. 시폰 커튼의 마법이다.

주기만 해도 충분히 인테리어 효과를 낸다. 다만 프레임이 따로 없어 표면에 직접적으로 먼지가 쌓이기 쉽고, 그림을 바꿔주려면 매번 새로운 것을 사야 된다는 단점이 있다.

거실과 주방과의 연결성을 고려해 식탁이 필요했는데, 소파 테이블로도 활용할 수 있는 원목 접이식 테이블을 선택했다. 싱크대와의 거리가 가깝기 때문에 사용하지 않을 때는 동선에 방해되지 않도록 접어서 보관하면 된다.

붙박이장이 있기는 하지만 추가적으로 옷을 수납할 수 있는 공간이 필요해서 붙박이장 뒤로 별도로 행거를 배치했다. 조립이 필요한 제품인데, 동봉된 설명서와 육각렌치만으로 손쉽게 조립할 수 있다. 행거와 선반 조합형으로 자주 입는 옷들은 행거에, 가방이나 모자는 선반에 보관하기 좋다. 행거 하단 틈새 공간에는 신발 박스를 활용해 추가적인 수납공간을 확보했다.

그리고 빠질 수 없는 커튼, 햇빛이 그대로 투과되는 시폰 커튼으로 밝은 집의 장점을 극대화했다. 대부분의 원룸에는 롤블라인드 혹은 콤비 블라인드가 설치되어 있는데, 이게 집을 못 생겨 보이게 하는 원인이 된다. 집 꾸미기 당시에는 거실 공간에만 커튼을 설치했는데, 커튼의 위력을 두 눈으로 확인하고 난 방 주인이 침실에도 커튼을 설치했단다.

원룸을 투룸처럼 효율적으로 활용하기 2: 공부방 & 침실 공간

거실의 반대편, 붙박이장의 왼쪽 공간은 학교 과제를 할 수 있는 공부방과 숙면을 위한 침실로 꾸몄다. 옷이 많아서 기존의 붙박이장만으로는 수납이 불가능한 데다가 마침 침대도 새로 구입해야 하는 상황이라 수납 기능을 갖춘 침대를 구입하기로 결정했다.

책상 쪽에도 수납장을 하나 더 배치해 백팩이나 겨울의류, 양말, 수건 등의 수납을 해결했다. 인테리어에서 가장 중요한 것은 '버리고, 정리하고, 잘 숨기기'인데, 오픈형 행거는 옷 정리를 아주 잘하는 고수가 아닌 이상 예쁘고 정돈된 느낌을 계속 유지하기 어렵다. 사용하기 다소 불편하더라도 서랍형 제품을 활용한 수납이 쉽고 더 깔끔하며 활용도도 높다.

아직 학생인 방 주인에게 꼭 필요한 것 중 하나가 책상이었다. 책을 보관할 공간도 필요했는데, 그 양이 많지는 않아서 선반과 일체형인 책상을 선택했다. 책상을 구입할지 말지 고민 중이라면 평소 책상을 사용하는 시간이 어느 정도인지 한번 체크해보기 바란다. 사용 빈도수가 높지 않다면 공간만 차지하는 애물단지로 전락할 수 있으니 본인에게 필요한 것인지 꼭 생각해봐야 한다.

침대는 꼭 창문을 따라 나란하게 두고 싶다는 방 주인의 요청이 있었다. 침대가 들어갈 자리 앞에 이동이 불가능한 빌트인 화장대가 있어서 그 배치가 마땅치 않았지만, 침대에 앉은 상태로 화장대를 사용하

책상 위에는 원하는 방향과 높이로 휠 수 있는 작은 스탠드를 배치했다.

내부가 보이지 않는 서랍형 수납장은 깔끔한 정리를 돕는다.

분리된 공간 중 공부방 겸 침실로 햇빛이 잘 들어오는 창가에 침대를 배치했다.

벽 인테리어 하면 흔히 액자를 떠올린다. 매일 보던 액자가 지겨워졌다면 액자를 걸던 훅에 이와 같이 색다른 벽걸이형 인테리어 소품을 걸어 연출해보는 방법도 추천한다.

고 싶다는 게 이유였다. 방 주인의 생활습관에 맞는 배치도 인테리어에서 중요하기 때문에 요청에 맞게 딱 맞는 사이즈의 침대를 배치했다. 침대 옆으로는 협탁을 대신할 좌식 화장대를 두고, 전선 정리 기능이 있는 멀티탭과 시계, 소품 등을 올렸다. 스마트폰과 한시도 떨어질 수 없다면 이 멀티 탭을 강력 추천한다. USB 허브가 내장되어 있어 간편하게 핸드폰 충전을 할 수 있다.

헤드가 없는 침대는 머리맡 쪽의 벽 공간이 허전해 보일 수 있다. 여기에 액자를 걸어도 좋지만, 액자가 뻔하다고 느껴지면 벽걸이 소품을 활용하는 방법도 있다. 가죽 느낌의 월포켓을 걸고 무심한 듯 조화를 꽂아 연출해보았다. 액자와 다르게 포켓 두 개의 높이를 다르게 했는데, 자연스럽게 시선이 분산되어 벽 공간이 더욱 꽉 차 보이는 효과가 있다. 계절이 바뀔 때마다 가랜드나 식물로 만든 리스를 교체해 걸어도 되고, 사진이나 엽서를 활용하여 장식해도 좋다.

늦게 배운 집 꾸미기에 푹 빠지다

비교적 어린 나이에 독립을 시작해 자취 생활을 해왔지만, 한 번도 '나만의 공간을 꾸민다'라는 생각을 해 본 적이 없던 방 주인은 이제 더 넓은 집으로 이사 가면 어떻게 꾸미고 살지 벌써부터 계획 중이라고 한다. 추천하는 제품마다 이걸 왜 이제야 알았는지 몰랐다며 그동안의 자취 기간에 대해 아쉬움을 토로하기도 했다.

공간은 주인을 닮는다는 말이 있다. 역으로 공간에 영향을 받아 주인이 변할 수도 있다. 자취 기간이 길어질수록 집 꾸미기의 중요성은 더 커진다. 본인의 취향이 담긴 물건들이 가득한 공간에서 얻는 안정감과 만족감이 크기 때문이다. 거주지가 변하더라도 각자의 취향에 맞는 물건들로 채운다면 어디든 상관없이 잘 안착할 수 있을 것이다.

독립을 위한 똑똑한 침구 고르기

나의 첫 침구 장만하기

'무엇을 덮고 자느냐'를 책임질 침구 고르기는 꽤 신중함을 요하는 쇼핑 중 하나다. 취향에 맞는 디자인만 고르면 되는 줄 알았다면 큰 오산이다. 독립을 위해 침구를 장만해야 하거나 바꿀 때가 됐다면 이참에 침구를 살 때 고려해야 할 사항과 내게 맞는 침구 고르는 요령을 알아보자.

01__이불 용어 알아보기

내가 덮을 것

차렵이불　겉감과 솜을 함께 박음질한 이불로 솜과 커버 분리가 불가한 일체형 이불이다.

홑이불　한 겹으로 만들어진 얇은 여름용 이불이다.

누비이불　솜을 촘촘하고 얇게 누벼 만든 이불로 덮기도 하고 침대에 깔고 사용하기도 한다.

매트리스 위에 깔 것

매트커버　매트리스만 감싸주는 커버로 주로 매트리스에 고정할 수 있는 밴드가 달려 있다.

스프레드　매트리스를 포함하여 침대 프레임을 전체적으로 감싸주는 넉넉한 사이즈의 커버다. 이불 대용으로 사용하기도 한다.

패드　오염을 방지하기 위해 매트리스 위에 깔아놓고 사용한다. 매트커버나 스프레드는 자주 세탁하기 어렵기 때문에 세탁이 간편한 패드를 깔아준다.

채워 넣을 것

마이크로 화이버 솜　사계절 사용할 수 있다. 솜이나 구스에 비해 가격은 합리적이지만 보온성이나 터치감은 결코 뒤지지 않는다. 가볍고, 세탁 방법도 까다롭지 않아 실용적이다.

구스　구스의 질과 함량에 따라 가격이 나뉜다. 비싸고 간간이 털이 삐져나온다는 불편함이 있지만 차원이 다른 포근함과 따뜻함을 제공한

다. 가볍고 관리하기 까다로운 편이다.

솜 천연 소재인 솜은 보온성과 흡수성이 뛰어나고, 피부에 자극을 주지 않아 아기용 이불 충전재로 많이 쓰인다. 순하고 좋은 충전재지만 무겁고 관리하기 번거로워 솜 100%는 점점 사용하지 않는 추세다.

02__내가 좋아하는 소재 찾기

사람마다 좋아하는 소재는 천차만별이다. 섬유 기술이 발달한 만큼 소재도 무척 다양해졌다. 매일 피부에 닿는 이불, 나에게 딱 맞는 소재를 찾아보자.

인견(레이온)

찰랑찰랑 부드럽지만 피부에 닿는 촉감은 거친 편이다. 정전기가 잘 생기지 않는다. 가볍고 피부에 잘 달라붙지 않아 여름용 침구 소재로 많이 사용된다.

린넨

피부에 닿는 촉감은 거친 편이다. 땀 흡수가 잘 되고 바람이 잘 통하여 여름이나 간절기에 주로 사용한다

면

가공 방식에 따라 촉감을 달리 연출할 수 있다. 100수는 부드럽고 탄탄하며 숫자가 낮아질수록 얇고 거친 편이다. 면 이불을 구매할 때는 몇 수인지 반드시 체크하자. 면은 화학섬유와 달리

알레르기 반응이 적어 아이나 민감성 피부를 지닌 사람도 사용하기 좋다. 알카리와 열에 강해 고열 세탁과 다림질에도 끄떡없는 튼튼한 소재다.

시어서커

시어서커는 소재가 아니라 소재의 가공 방식이다. 거칠고 오그라든 줄무늬를 뜻하며 가공 방식 특성상 피부와 닿는 면이 적어 주로 여름 침구에 사용한다.

모달

섬유 혼방 비율에 따라 차이는 있지만 대체로 촉감이 부드러운 편이다. 반복된 세탁에도 형태가 잘 변하지 않는다.

극세사

따뜻하고 부드러워 겨울 침구에 주로 이용된다. 얇은 실을 촘촘히 직조한 덕분에 열을 가두는 장점이 있지만 먼지가 잘 달라붙고 정전기가 발생하는 단점도 있다. 그럼에도 불구하고 대체 불가한 따뜻함 덕분에 겨울이면 열렬한 사랑을 받는 침구 소재다.

CHAPTER 2

여러 가지 문제를 해결하고 꾸미다

SNS를 보다 보면 예쁜 인테리어 예시 사진이 많이 눈에 띈다. 그 가운데 마음에 드는 사진을 저장해두기도 한다. 어디 한 번 이 사진들을 참고해서 내 방에 대입해볼까 하고 시동을 걸면 꼭 변수가 생긴다. 사진과는 다른 내 방 구조, 이미 가득 찬 짐 등 실전 인테리어에 있어 걸림돌이 되는 문제들이 하나둘씩 고개를 쳐든다. 원룸 생활자들이 집 꾸미기를 할 때 흔히 맞닥뜨리는 문제 상황에 맞는 솔루션을 정리해봤다. 자주 출제되는 인테리어 기출문제라고나 할까? 유형마다 해결책을 보며 공간 방정식을 풀어보자.

짐 둘 곳이 없어요!
4평 직사각형 원룸

현관문을 열자마자 늘 나를 반기는 건 행거예요. 행거는 아침에 입을 옷을 고른다고 내가 마구 헤집어 놓은 상태 그대로 있다가 퇴근한 나를 반겨줘요. 보관할 옷은 차고 넘치는데 붙박이장을 둘 곳은 없고, 그렇다고 옷을 다 버릴 수도 없고…. 집 안 어디에서든 눈에 밟히는 폭탄 맞은 행거, 제발 누가 좀 치워주면 좋겠어요.

행거 문제 진단하기

원룸 생활자들이 가장 먼저 해결해야 할 과제이자 가장 목말라하는 부분이 바로 수납이다. 원룸은 공간이 좁은 데다가 구조적으로 제약이 있는 경우가 많아 철 지난 옷이나 자주 쓰지 않는 물건 등 부피가 큰 살림살이의 수납이 어렵다. 그 해결 방안으로 요즘은 다양한 디자인과 형태의 수납 가구가 나왔다. 옷장만 해도 내부 구성에 따라 행거형, 선반형, 서랍형, 행거+선반형, 행거+서랍형으로 다양하며, 행거도 이동식과 고정식에 요즘은 위나 아래에 바구니나 서랍이 달린 것도 있어 선택의 폭이 넓다. 가격도 싸고 옷도 많이 걸 수 있을 것 같아 고정식 행거를 많이 선택하게 된다. 그런데 행거는 형형색색 옷들을 그대로 보여주기 때문에 의류 매장처럼 종류와 색상별로 잘 정리하지 않는 이상 깔끔하게 유지하기 어렵다.

여기서 우리는 인테리어의 기본은 '정리와 가리기'라는 사실을 잊지 말아야 한다. 행거 정리가 어렵다면 지저분한 모습을 가리면 그만이다. 아직 구입 전 단계라면 커튼이 달린 행거를 고려하고, 이미 행거가 있다면 사이즈에 맞는 커튼과 커튼레일을 구입해 추가로 설치하면 간단하게 해결할 수 있다.

솔루션 계획 세우기

인테리어 계획을 세울 때 무엇을 살지 정하기에 앞서 현재 집 상태를 먼저 점검해야 한다. 이 원룸은 넘쳐나는 짐들을 어떻게 다 수납할지가 가장 큰 과제였다. 우선 필요한 것과 버릴 것을 선별해서 짐의 양을 줄였다. 그다음으로 아무리 정리해도 깔끔하게 보이지 않는 오픈형 행거에 커튼을 달아 가려 주기로 했다. 그래도 수납할 공간이 부족해 짐을 둘 곳이 없다면 짐 보관 서비스를 추천한다. 별도의 비용이 발생하지만 넓은 집으로 이사하기 전까지 비교적 저렴한 대안이 된다.

수납에 대한 계획에 이어 두 번째는 공간을 넓어 보이게 할 계획을 세웠다. 이 원룸은 한쪽 벽을 제외하고 나머지 3면에 무늬가 있는 연두색 벽지가 발라져 있었다. 공간을 넓어 보이게 하기 위해 4면 모두 화

tip
그레이 색상 침구는
정돈된 분위기 연출에
탁월하다.

tip
조명을 천장으로
향하도록 하면 간접
등 효과가 있다

tip
행잉플랜트는
공간에 생기를
불어넣어 준다.

tip
식탁 상판을 접을 수 있어
좁은 공간에 유리하다.

가상 배치도

좁은 공간에서는 효율적인 동선을 고려한 배치가 필요하다. 나의 생활습관을 반영해서 간단하고 최적화된 동선을 찾아보자.

before 기존에는 전체적인 공간에서 행거가 차지하는 비중이 너무 컸다. 짐을 줄이고 빈 공간을 확보하는 것이 급선무였다.

plan

서랍장 위치를 바꾸어 지저분한 공간을 가려주는 기능은 물론 방 주인이 가장 원하는 수납력을 확보하고, 보기 싫은 오픈형 행거는 커튼레일로 잘 가려주기로 했다.

서랍장으로 현관과 실내를 구분하고 시선을 막아 준다.

지저분한 행거는 레일과 커튼으로 가린다.

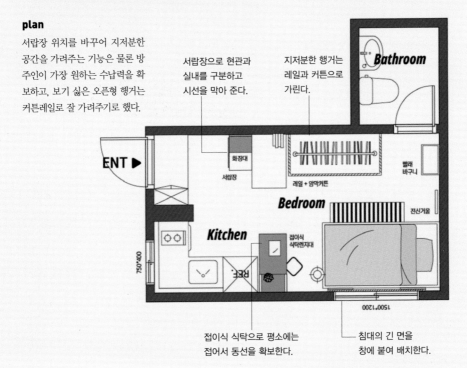

접이식 식탁으로 평소에는 접어서 동선을 확보한다.

침대의 긴 면을 창에 붙여 배치한다.

이트 컬러의 페인트를 칠하기로 했다. 벽면 처리는 도배와 페인팅 2가지 방법이 있는데, 직접 한다면 페인팅을 추천한다. 비용 면에서 저렴하고, 초보자가 직접 하기에 도배보다 쉽기 때문이다. 꼭 도배로 하고 싶다면 시판용 풀 바른 벽지를 추천한다.

트러블슈팅 1: 공간을 최대한 넓어 보이게 기본 배치하기

대부분의 원룸은 화장실이 현관 혹은 주방 쪽과 붙어 있는데, 이 원룸은 특이하게 화장실이 가장 안쪽에 위치해 있다. 화장실을 제외하면 실평수 약 4평 정도 되는 직사각형 구조의 원룸이다.

새로 구입한 침대는 기다란 벽면을 따라 창가에 붙여 배치하고, 행거는 기존 위치를 그대로 유지했다. 식탁은 접이식으로 된 제품을 선택해 좁은 통로로 지나다녀야 하는 방 주인의 동선에 최대한 방해되지 않도록 침대와 냉장고 사이에 배치했다. 좁은 공간에는 접이식 가구와 수납형 제품이 큰 위력을 발휘한다. 좁은 공간을 어떻게 하면 넓게 활용할 수 있을지에 초점을 맞춘다면 훨씬 실용적으로 공간을 구성할 수 있을 것이다.

접이식 식탁으로 동선을 확보하고 새로 산 침대는 창가를 따라 배치했다.

문을 열고 들어서면 서랍장 덕분에 깔끔한 모습만 드러
난다. 행거 쪽 천장에는 커튼을 설치해 수납하고 있는
옷들을 가려줬다.

트러블슈팅 2: 집의 첫인상, 현관을 깔끔하게

현관은 집에 들어섰을 때 가장 먼저 보이는 공간인데, 여기서 집의 첫 인상이 결정된다. 기존에는 옷이 잔뜩 쌓여 있는 행거가 맞이해줬는데, 지금은 단정하게 놓인 서랍장이 맞이한다. 5단 서랍장은 기존에 있던 제품으로 서랍 방향을 현관 쪽으로 90도 회전시켰더니 현관과 실내를 구분해주는 가벽 역할을 톡톡히 했다.

서랍장 위로는 폭에 딱 맞는 좌식 화장대를 올렸다. 원래는 바닥에 두고 좌식 화장대로 사용하도록 나온 제품인데, 서랍장 위에 배치하니 방 주인의 키에 딱 맞는 입식 화장대로 변신했다. 시중에 나와 있는 입식 화장대를 사용하면 좋겠지만 배치할 공간이 마땅치 않았고, 수납공간도 부족해 아이디어를 낸 것이다. 서랍장과 좌식 화장대의 조합으로 수납력을 높이고 원하던 입식 화장대까지 얻었다.

트러블슈팅 3: 커튼으로 비밀 수납공간 만들기

화장대 옆으로 지저분하게 노출되어 있던 행거는 벽과 동일한 색상의 화이트 암막 커튼으로 가려줬다. 내부 옷 색상이 보이지 않으니 전체적인 인테리어 색감에 통일성이 생겼다. 오픈형 행거의 또 하나의 문제가 의류 손상인데, 가려주니 먼지나 햇빛 등도 차단할 수 있게 됐다.

커튼과 행거 일체형도 있지만, 기존에 사용하던 행거가 있어서 별도로 커튼레일과 커튼을 구입해 설치했다. 3면을 깔끔하게 가리기 위해서는 굽어지는 레일이 필요한데, 일명 '병원 레일'이라고 인터넷으로 검색하면 쉽게 찾을 수 있다.

트러블슈팅 4: 화이트 & 그레이 톤으로 아늑함과 포근함 더하기

연두색 벽지를 화이트로 페인팅하고 나니 벽의 색상에 따라 공간감의 차이가 크다는 걸 새삼 깨달았다. 이는 앞에서 말한 패브릭 인테리어의 중요성과 동일한데 공간에서 벽이 차지하는 면적이 크기 때문이다. 화이트로 색만 바꿔줘도 넓어 보이는 데 큰 도움이 된다.

보통 좁은 원룸에는 밝은 컬러 침구를 사용해 조금 더 넓어 보이게 연출하는데, 이미 벽 페인팅과 행거 가림막 커튼으로 많은 면적이 밝아진 상태라 이번에는 어두운 색상의 침구를 선택했다. 여기에 밝은 색상의 등받이 쿠션을 추가해 톤을 밝혀주었다. 헤드 없는 침대의 단점을 보완하고, 색상 균형도 맞췄다.

창문의 시트지는 커튼으로 가렸는데, 이중 커튼을 활용할 수 없는 구조여서 총 3장의 커튼을 사용해 이중 커튼 효과를 냈다. 이미 행거 쪽 공간에 기다란 커튼을 사용해서, 침대 쪽에는 창문 높이에 딱 맞는 짧은 커튼을 사용해 균형을 맞췄다. 긴 커튼을 사용하고 싶다면 침대와 벽 사이에 커튼이 낄 우려가 있으므로 어느 정도 여유를 줘야 한다. 통로가 워낙 좁아서 이곳에는 침대를 벽에 딱 붙여도 사용 가능한 짧은 길이의 창형 커튼이 알맞았다.

협소한 공간을 넓게 활용하기 위해 접이식 식탁을 구입해 설치했다. 사용하지 않을 때는 식탁을 접어 보다 넓게 주방 공간을 활용할 수 있다. 뿐만 아니라 테이블 옆으로 선반이 달려 있어 주방용품이나 책 등을 보관하거나 인테리어 데코용품을 올려 두기에도 좋다. 아래에는 자주 보는 책을 보관하고, 위에는 방 주인 취향에 맞는 식물과 무드등을 배치했다.

못생긴 공간, 가리고 예쁜 소품으로 살리기

아기자기한 소품들은 실용적이지 않다며 간혹 '예쁜 쓰레기' 취급을 당하기도 하는 데 이 소품들의 진가는 작은 공간에서 빛을 발한다. 데코용품은 어디서나 시선을 잡아 끌어 못생긴 공간을 눈에 띄지 않게 만드는 신비한 재주가 있다. 다만 과한 데코용품을 사용하면 시선을 둘 곳을 몰라 산만한 느낌이 들 수 있으니 주의해야 한다.

방 주인은 인테리어가 완성된 집 문을 열자마자 집을 잘못 들어온 것 같다며 놀란 기색을 보였다. 항상 눈에 들어오던 행거가 흔적도 없이 사라졌으니 그럴 만도 하다. 그런데 정작 행거는 원래 자리 그대로였고, 기본적인 배치도 그대로였다. 다만 행거를 가리고 색감을 통일해 예쁜 소품들을 곳곳에 배치해줬다는 것. 이것만으로 집은 몰라보게 변했다.

짐이 많아 정리가 안 돼요!
5평 정사각형 원룸

자취 생활 10년 만에 전셋집을 얻어 드디어 반지하를 탈출했어요. 이제 미루고 미뤄왔던 집 꾸미기를 맘껏 할 수 있게 됐지요. 하지만 10년 동안 뭘 짐을 그리도 많이 사모았는지 혼자 정리하려니 어디서부터 어떻게 건드려야 할지 도통 엄두가 안 나요. 버리려고 해도 조만간 필요할 것만 같아 다시 주섬주섬 챙기게 돼요. 친구들을 집에 초대해 본 적이 언제였던가? 친구들과 홈파티도 해 보고 싶어요.

짐이 많아지는 이유 진단하기

보통 인테리어 하면 텅 빈 공간에 무엇을 넣을까부터 고민한다. 공간이 커질수록 그 고민은 더 커지고, 그 허전함을 채우기 위해 필요하지 않은 제품들을 구매하기도 한다. 하지만 그렇게 구입한 제품은 막상 다른 가구들이랑 어울리지도 않고, 집을 더 좁아 보이게 만든다.

before 짐의 절반 이상이 사용하지 않고 자리만 차지하는 그야말로 짐이었다.

각 물건마다 제자리를 정해주는 것은 인테리어에 있어 매우 중요하다. 적재적소에 쓰인다면 그 물건의 가치를 다하겠지만 그 반대라면 세상에 이런 애물단지가 없다. 매번 시행착오를 겪으면서도 괜히 빈 공간을 보면 안성맞춤인 제품을 사게 되고 애물단지를 양성한다. 그래서 '물건을 들일 때는 신중하게, 버릴 때는 과감하게!'라는 자세가 필요하다. 습관처럼 모아둔 물건 중 실제로 쓰이는 것은 극히 일부분에 불과하고, 대부분 자리만 차지하다 어느 순간 방 구석에서 발견되곤 하기 때문이다.

이 방 주인 또한 버리지 못하는 습관을 가지고 있었다. 더 이상 입지 않는 옷, 전 방 주인이 두고 간 서랍장, 빈 소주병……. 언젠가 쓸지 몰라 모아놓은 쇼핑백처럼 사소한 것도 상태가 좋은 것 2~3개만 남겨놓고 전부 버렸다. 그 외 계절에 맞지 않는 옷이나 버릴지 말지 여전히 고민되는 것들은 짐을 맡아주는 서비스를 이용했다.

집 정리 계획 세우고, 공간 구상하기

비워내고 꾸밀 공간이 준비되었으니 인테리어 컨셉트에 대해 고민해
볼 준비가 된 셈이다. 인테리어를 구상할 때 'KEY COLOR'를 잡으면
다음 단계로의 진행이 수월해진다. 차가운 인상을 주는 색을 싫어하
고, 옅은 핑크색을 좋아하는 방 주인의 취향을 반영하여 선택한 컬러
는 바로 베이지다. 베이지는 이 집의 기본 틀과 잘 어울리고 화이트만
큼이나 쉽게 질리지 않는 게 장점이다.

가상 배치도

평면도에서는 잘 드러나지 않지만 3D로 봤을 때 인테리어에 영향을 주는 요소들이 있다. 파티션이 그러한 경우인데, 수직으로 기다란 물체라 평면도 상에서는 잘 티가 안 난다. 하지만 3D로 확인했을 때는 공간 분리적인 측면에서 매우 효과적이다.

plan

큰 창을 기준으로 왼쪽은 드레스룸, 가운데는 거실, 오른쪽은 침실로 계획하고 방 주인의 취향을 반영하여 베이지색을 주조색으로 결정했다. 그리고 행거와 수납장을 활용해 넘쳐나는 짐을 수납하고 깔끔하게 가려줄 계획을 세웠다.

행거+서랍장 스타일로 수납력을 늘리고, 커튼으로 지저분함을 가린다.

2000*1500

2000*1800

갤들워머
스툴 겸 협탁
네온무드등
좌식의자
벽시계
Living area
베드테이블
REF.
파티션
달조명
Kitchen
분리수거함
우산꽂이
ENT

가로 237cm 의 넓은 창

**현관에서 거실 쪽으로 바라본
공간 분리 3D 이미지**

주방 상하부장의 수납공간을 적극 활용하여 정리하고, 낡은 가전제품을 패브릭으로 가린다.

침실에서 거실 쪽으로 바라본 공간 분리 3D 이미지

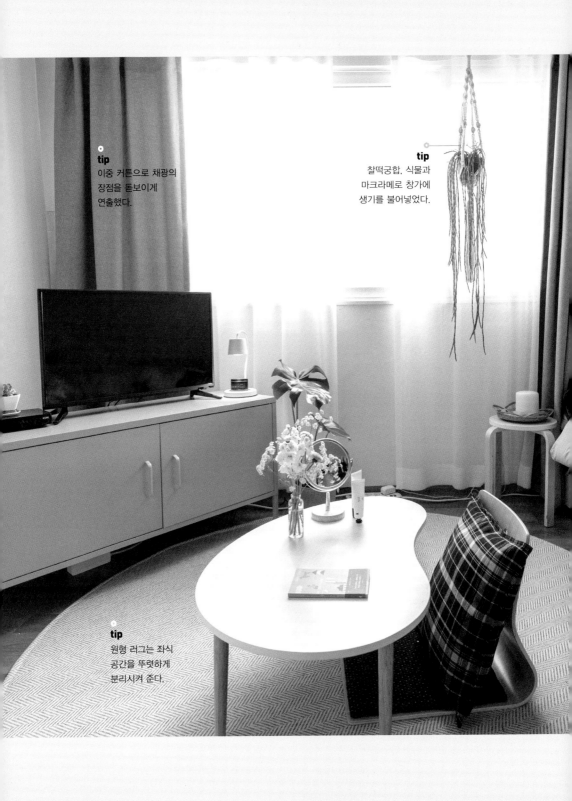

tip
이중 커튼으로 채광의
장점을 돋보이게
연출했다.

tip
찰떡궁합. 식물과
마크라메로 창가에
생기를 불어넣었다.

tip
원형 러그는 좌식
공간을 뚜렷하게
분리시켜 준다.

트러블슈팅 1: 매력적인 큰 창이 돋보이는 공간으로

인테리어 배치를 할 때는 '이 위치는 반드시 살려야 한
다'라는 기준점이 필요하다. 이 방은 이른 아침부터 낮
까지 해가 쏟아져 들어오는 큰 창이 기준점이 되었다.
창을 기준으로 왼쪽은 드레스룸, 가운데는 거실, 오른쪽
은 침실로 원룸 공간을 크게 3개로 나눴다.

창 아래 놓여 쏟아지는 햇살을 오롯이 받던 침대는 수
면의 질을 높이고 안정감을 주기 위해 안쪽으로 옮기고,
창을 약간 침범해 설치되어 있던 행거는 되도록이면 창
을 가리지 않도록 위치를 변경했다.

평면배치도의 계획대로 안락함을 위해 침대를 벽으로
몰아넣었는데, 이렇게 바꾸자 현관문을 열면 침대가 바
로 보인다는 단점이 생겼다. 그 단점을 보완하기 위해 매
쉬 파티션을 설치하여 공간을 나눠줬다. 완전히 막힌 벽
이 아니라 구멍이 뚫려 있어 답답하지 않으면서도 직접
적인 시선은 차단해주는 아주 유용한 제품이다.

파티션은 어떤 소품으로 데코 하느냐에 따라 다양하게
연출할 수 있다. 감각적인 아이템을 새로 살 필요는 없
다. 매일 들고 다니는 데일리 백, 선물 받은 카드 등 나만
의 스토리가 담긴 소장템을 적절히 섞어주면 공간이 좀
더 친근하게 느껴질 것이다.

파티션 아래 신발장 위에는 달 무드등을 올려놓았는데,
외출 전에 등을 켜놓고 나가면 퇴근하고 문을 딱 열었을

방 중앙을 차지하고 있던 침대를 옮겨
줌으로써 넓은 좌식 공간이 확보됐다.

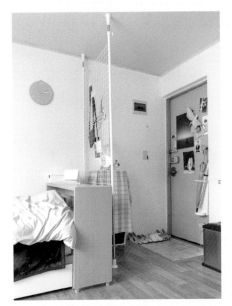

매쉬파티션은 얇은 철재로 되어 있어 답답하지 않고 자연스럽게 공간을 분리해준다. 현관 수납
장 위 달 무드등은 이 방의 등대처럼 항상 켜 두어도 좋다.

때 은은하게 빛나는 달이 반긴다. 방 주인은 특히 녹초가 돼서 퇴근하는 날이면 문을 열자마자 이 달에게 위로를 받는다고 한다.

트러블슈팅 2: 숙면이 확보된 침대 공간을 더욱 아늑하게

쏟아지는 햇빛을 오롯이 받던 위치에서 벽으로 옮겨 숙면이 확보된 침실 모습이다. 침대는 기존에 있던 가구라 바뀐 건 위치와 침구 밖에 없다. 새하얀 침구는 보기에는 예쁘지만 관리하기 번거로운 단점이 있다. 그래서 인테리어 컨셉트의 메인 컬러이자 질리지 않고 오래 사용할 수 있는 베이지색 침구를 선택했다.

헤드가 없는 침대의 경우 휑해 보일 우려가 있어 벽 장식이나 쿠션 스타일링이 중요해진다. 색감이 어울리는 포스터와 귀여운 초승달 디자인의 조명을 매치해 공간에 완성도를 더했다.

차분한 베이지톤 바탕에 포인트가 되는 네온사인 조명과
포스터로 벽면을 다채롭게 연출했다.

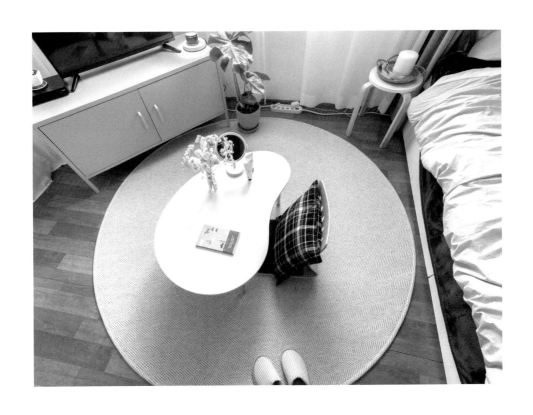

트러블슈팅 3: 지저분하고 칙칙한 거실 바닥, 밝고 깔끔하게

이어서 침대 왼편 거실 공간이다. 장판 상태가 좋지 않아서 장판을 전부 덮을 정도로 큰 사이즈의 원형 러그를 구매해 좌식생활을 할 수 있는 공간을 만들었다. 공간에 딱 맞춰 구매해야 하는 가구와 달리 러그는 넉넉하게 오버사이즈로 구매하는 게 좋다. 특히 칙칙한 바닥 색이 마음에 들지 않을 때나 바닥을 교체할 예산이 부족할 때 밝은 색감의 러그는 저렴한 비용으로 집 안이 한층 밝아지는 효과를 준다.

네모난 러그는 공간을 정확히 구획하는 느낌이 있어서 자칫 공간을 좁아 보이게 만들 수 있다. 반면 원형 러그는 공간을 확장시키는 효과가 있어 좁은 공간에 적합하다. 러그 또한 침구나 커튼과 동일하게 면적을 많이 차지하는 제품이라 바탕색과 어울리는 것을 선택해야 한다. 침대에 이불 덮고 앉아 TV 보기를 좋아하는 방 주인의 라이프스타일을 고려해 바닥에서도, 침대에서도 잘 보이게끔 TV장을 사선으로 배치했다. 모든 가구를 벽면에 붙여야 한다는 고정관념을 버리고 사선으로 배치하면 색다른 느낌을 연출할 수 있다. 원형 러그를 둘러싼다는 느낌으로 살짝 비스듬히 틀고 뒷 공간에도 여유를 줬다.

트러블슈팅 4: 인테리어의 기본, 가리기 신공

'이번에 인테리어 바꾸고 나면 진짜 치우고 살 거야!'라고 마음먹기보다 숨기는 걸 추천한다. 커튼형 행거는 별도 커튼레일 설치 없이 행거 본체 상단에 커튼봉이 따로 있어서 설치하기도 쉽다. 위 칸은 행거로 사용하고, 아래에는 사이즈가 맞는 서랍장을 넣으면 더 많은 옷을 수납할 수 있다. 구김이 많이 가거나 부피가 큰 옷은 걸어놓고 니트나 바지 종류는 접어서 서랍장에 넣어 보관하면 수납력이 상승한다.

커튼 일체형 행거는 레일을 따로 설치가 필요가 없어 더욱 편하다.

행거와 서랍장을 함께 활용하면 더 많은 옷을 수납할 수 있다.

트러블슈팅 5 : 반려 식물로 생기 더하기

요즘은 식물 인테리어가 공간의 생기를 더하고 1인 가구에게 반려가 되어 각광받고 있다. 실내에서 키울 반려식물은 무조건 유행하는 것보다는 방 주인의 생활패턴과 환경에 알맞은 것이 좋다. 초보자라면 첫째도, 둘째도 기르기 쉬운 식물이 가장 최우선 조건임을 잊지 말자.

잎이 치렁치렁 떨어지는 생김새로 하늘하늘한 커튼과 잘 어울리는 립살리스레인은 창가에, 복잡한 전선으로 집중되는 시선을 분산하고 싶은 TV장 옆에는 싱그러운 몬스테라를, 자박자박한 물소리와 잘 어울리는 수경식물은 부엌과 현관에 배치했다.

식물은 바라만 보아도 마음에 안정감을 주는 데 큰 도움이 된다고 한다. 시선이 닿는 곳에 싱그러운 식물 하나 들여보는 건 어떨까?

정돈된 집에서 진정한 휴식을 얻다

넘쳐나는 짐 때문에 가장 문제였던 이 공간은 짐을 비우고 덜어내니 깜짝 놀랄 정도로 넓었다. 거기에 방 주인의 취향을 더하니 포근하고 안락한 휴식처가 탄생했다. 공간의 변화는 방 주인에게도 영향을 미쳤다. 맡긴 짐 일부를 찾아 다시 보니 버려도 될 짐들이 눈에 보이더란다. 이제 그녀는 더 이상 불필요한 짐들을 끙끙 끌어안고 살지 않겠다며 근황을 전했다. 염원했던 친구들과의 홈파티도 즐기고, 주말 아침 느즈막히 일어나 화분에 물을 주고 토스트를 구워 TV를 보며 먹는 소박한 집순이의 행복을 누리고 있단다. 새롭게 바뀐 공간에서 온전한 안정감을 느끼며 진정한 휴식을 이어나가기 바란다.

공간을 분리하고 싶어요!
7평 정사각형 원룸

집 꾸미기 경력 2년 차, 예쁜 인테리어를 소개하고 도움이 필요한 방 주인을 찾아 공간을 예쁘게 꾸며주는 일을 하고 있어요. "집 꾸미기가 직업이면 본인 집도 예쁘겠다!"라는 말을 자주 듣지만 천만에 만만에 말씀! 셰프들은 집에서 요리 안 하고 라면 끓여 먹는다는 얘기처럼 인테리어가 직업이다 보니 정작 내 집 꾸미기에는 소홀해져요. 어느 날 퇴근해서 집을 둘러보니 회의감마저 들었어요. '정작 내 공간은 엉망인데, 다른 사람들의 공간을 예쁘게 꾸민다는 게 말이 되나?' 하고요.

실현 못한 아이디어 총동원하기

인테리어 디자이너가 꿈이라면 바로 시도할 수 있는 프로젝트가 '내 방 꾸미기'다. 물론 이 방의 주인은 이미 인테리어와 관련된 일을 하고 있지만, 막상 일로써 인테리어를 접하다 보니 본인의 공간을 꾸미는

조립가구가 많아 지인 찬스를 이용해 도움을 받았다.

것 또한 일의 연장선처럼 느껴졌단다. 일종의 직업병인 셈이다. 하지만 계속 남의 집만 꾸며 주다 보니 점점 무기력해지는 걸 느꼈다고 한다. 그래서 '그동안 방 주인들에게 거절당한 아이디어들만 모아 내 공간에 적용시켜보면 어떨까?' 하는 모험심이 생겼다. 그 용기로 미뤄왔던 집 꾸미기가 시작됐다. 7평 원룸을 보다 효율적으로 활용하기 위해 공간 분리를 생각했고, 좌식 기반 인테리어를 구상했다.

개인 취향에 맞게 계획하기

방 주인은 평소 집에서 잠자는 것 말고는 별다른 활동을 하지 않는 편이라서, 수면의 질을 높이는 것에 초점을 맞췄다. 먼저 독립된 침실 공간 확보를 위해 공간박스를 활용해 공간 분리하는 방법을 고안했다.

또한 입식을 최대한 줄이고자 했다. 기본적으로 좌식생활을 하던 터라 익숙한 것도 있었지만, 공간을 조금 더 넓어 보이게 하는 효과를 노리기 위함이다. 침대는 프레임

tip
화이트 시폰 커튼은
원룸을 호텔방처럼
만들어 준다.

tip
가벼우면서 보온성이 좋은
호텔식 침구는 가격대가 조금
높지만, 그만큼 성능이 좋다.

tip
펜던트 조명은 모빌처럼 천장에
매달아 공간에 특별함을 더한다.

tip
벽걸이형 CD플레이어는
CD 커버에 따라 다른
느낌을 연출할 수 있다.

tip
공간박스를
가벽처럼 사용했다

가상 배치도

배치는 나의 라이프스타일을 반영해 꾸미는 것을 원칙으로 한다. 침실의 중요
도가 높다면 원룸에서 침실 용도의 가구들을 중심으로 배치하면 된다. 간단하
게는 침실 공간을 넓게 혹은 가장 안쪽으로 잡는 것부터 시작한다.

plan

방 주인의 생활패턴에 맞춰, 수면의 질을 높이기 위한 침실 확보와 좌식생활을
기반으로 한 배치에 초점을 맞췄다. 우선 공간박스로 침실과 다른 공간을 구분
하기로 했다. 침실에는 프레임 없이 매트리스만 두고 거실도 좌식으로 꾸미면
공간이 더 넓어 보일 것이다.

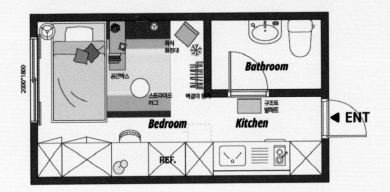

공간박스로 침실과 다른
공간을 확실하게 분리한다.

좌식 기반 인테리어로
실내를 더 넓어 보이게 한다.

때문에 방이 더 좁아 보여 과감하게 프레임을 없애고 매트리스만 두기
로 결정했다. 여기에 베이스 컬러는 화이트, 포인트 컬러는 개인 취향에
맞게 인디언핑크색을 선택했다.

트러블슈팅 1: 공간박스로 공간 분리하기

원룸에 살다 보면 주방이나 거실, 침실의 경계가 모호해서 내가 주방
에서 잠을 자는 건지, 침실에서 밥을 먹는 건지 헷갈릴 때가 많다. 이
점을 해결하기 위해 공간박스로 침실의 경계를 확실하게 구분 지었다.
이렇게 공간을 분리해주니 더 아늑하고 포근한 침실 공간이 탄생했다.
특히 침대에 쏙 들어가서 자는 기분이 들어 매우 만족스럽다고 한다.
공간박스는 2단과 3단짜리를 눕혀 쌓아 올렸는데, 책장처럼 무거운 제
품이 아니라 살면서 다양한 배치를 시도할 수 있다. 일반적인 배치처럼

벽에 붙여 사용하거나 따로 분리해 일(一)자 형태로 배열하는 방법도 있다. 또한 용도에 따라 책이나 옷, 소품 등을 보관할 수 있어 수납 기능도 뛰어나다. 심지어 공간박스로 수납 침대를 만든 사례도 있다.

트러블슈팅 2: 공간 분리로 확보한 숙면을 부르는 꿀잠 침실

침대는 공간박스 뒤로 방의 가장 안쪽에 쏙 들어가게끔 배치했다. 여기에 폭신폭신한 화이트 침구로 호텔 같은 분위기를 연출했고, 베개는 다양한 사이즈 제품을 함께 매치해서 포인트 컬러로 심심하지 않게 변화를 주었다. 단독으로 베개를 두는 것보다 이런 식으로 2~3개 정도 같이 사용하면 더욱 풍성하고 포근한 느낌을 연출할 수 있다.

침대 프레임 없이 매트리스만 사용하는 걸 꺼리는 경우가 많은데, 다음의 장단점을 확인하고 본인 상황에 맞게 선택하기 바란다. 매트리스만 두는 것의 가장 큰 장점은 당장 들어가는 비용을 절약할 수 있다는 것이다. 매트리스만 구입하면 되기 때문이다. 바닥과의 거리가 가까워서 안정감이 있다. 개인차가 있겠지만 높은 침대에 누웠을 때의 붕 떠있는 듯한 느낌이 없어 좋다는 평도 있다. 아이를 키우는 집이라면 아이들이 침대 프레임에 부딪히거나 높은 침대 위에서 떨어져 다칠 우려가 없다.

단점으로는 통풍이 되지 않아서 습기가 차면 곰팡이가 생길 수 있다는 것과 바닥과의 마찰로 매트리스 수명이 단축될 수도 있다는 걸 꼽을 수 있다. 침대에서 일어날 때 더 많은 힘이 필요하기도 하다.

침대 머리맡 벽에는 개인 소장품인 CD플레이어를 달고 선반에 몇 가지 음반들을 올려뒀다. 인테리어 소품으로도 한몫 톡톡히 하고, 혼자 있을 때의 고요함을 달래주는 애장품이기도 하다.

트러블슈팅 3: 공간 분리로 확보한 아늑한 좌식 거실

공간박스 반대편에는 전체 공간을 덮을 정도 크기의 러그를 깔고, 조그만 탁자와 화장대를 배치했다. 러그는 포인트 컬러인 인디언핑크색이 들어간 제품을 골랐다. 화장대는 가장 안쪽에 사선으로 배치해주었다. 보통 좁은 공간에서 벽에 꼭 맞게 가구를 밀어 넣는데, 오히려 사선으로 벽에서 살짝 띄워주면 공간이 덜 답답해 보인다.

테이블은 원래 철제 프레임으로 된 제품인데, 차가워 보이는 것 같아 코타츠에서 아이디어를 얻어 패브릭으로 따뜻하게 덮었다. 난로를 켜놓고 앉아서 밥도 먹고, 책도 보고, 만화방처럼 뒹굴뒹굴 놀 수 있는 공간을 생각하며 꾸며보았다.

트러블슈팅 4: 빌트인 수납장과 오픈형 행거,
월포켓을 적절하게 활용해 수납 해결

화장대 쪽에서 뒤를 돌아보면 간이 책상과 빌트인으로 마련된 붙박이 장이 있다. 수납공간이 큰 편은 아니라서 계절별로 필요한 옷만 가져

패브릭 컬러와 소재 선택은
계절을 고려하는 것이 좋다.

붙박이장과 책상 일체형이 짜
여 있어 수납공간이 많지 않
았다. 이럴 때는 스탠드형보다
벽걸이형 행거가 공간 차지가
적다.

다가 붙박이장에 수납하고 있다. 자주 입는 외투는 통로 입구 쪽에 보관할 수 있도록 벽 행거를 추가로 설치했다. 행거처럼 오픈형 수납 제품에 옷을 보관할 때에는 옷걸이를 통일해주면 훨씬 깔끔하고 정돈된 느낌이 든다. 간단하면서도 확실한 방법이니 조금만 투자해서 시도해보길 추천한다. 책상은 집에서 간단하게 일할 수 있을 정도로 콤팩트하게 만들어줬다. 양쪽의 붙박이장과 냉장고, 상부장 때문에 상당히 어두운 편이라 스탠드 사용은 필수였다. 책상 위 벽면에는 필기구나 문구용품을 수납할 수 있는 월포켓을 붙여줬다.

공간을 꾸민다는 것

매번 원하는 대로 꾸밀 수 있다면 얼마나 좋을까? 사실 방 주인들과 작업을 하면 제안하는 것들의 상당수가 수정되거나 반영되지 못한다. 비용 때문일 수도 있고, 단순 취향 문제일 수도 있다. 합의점을 맞춰가는 과정으로 어쩔 수 없지만, 아쉽게 탈락해 빛을 보지 못하는 아이디어들은 고스란히 미련으로 남는다. 그래서 대부분 실험적인 시도는 디자이너 본인의 집에 많이 적용된다. 직접 사용해보면서 고칠 점들은 보완하고, 고객들에게 추천할 때 생생한 후기를 전달할 수 있다.

방 주인은 항상 다른 사람을 위해서만 공간을 꾸미다가 자신의 공간을 꾸며보니 새롭게 느낀 점이 많다고 한다. 잊고 지내던 자신의 취향을 다시금 알게 되었고, 내가 불편한 점은 누구나 불편할 수 있겠구나 하면서 좀 더 사용자의 입장에서 생각하게 되었다고 한다. 이번을 계기로 한 층 성장한 그녀가 앞으로 꾸며나갈 다른 공간들이 기대된다.

인기 아이템만 샀는데 어떻게 활용하죠?
7평 직사각형 원룸

나름 인테리어에 관심 있던 터라 자취 필수템, 최고 인기템이라고 인터넷에 소문난 제품을 몇 개 사들였어요. 그런데 영 이상해요. 분명 인터넷에서 봤을 땐 좋아 보였는데, 내 집에 갖다 놓으니 어디에 두고 어떻게 써야 할지 모르겠어요. 이리저리 놔봐도 어딘지 모르게 어수선하고 부자연스러워 보여요. 내가 원한 건 이런 느낌이 아닌데, 도대체 어디서부터 잘못된 걸까요?

스타일과 배치의 문제점 진단하기

이 원룸에는 인테리어에 관심 있는 사람이라면 익숙한 제품 몇 개가 보인다. 사다리 선반은 국민 선반이란 별명이 붙었을 정도로 인기 아이템이다. 접이식 테이블, 소파 베드, 수납 선반 등 웬만한 인기 제품은 다 있는데, 뭔가 정신없는 느낌을 지울 수 없다. 문제는 일관되지 못한

좁은 공간에서 조립 인원은 2명 정도가 적당하다.

스타일과 부적절한 배치에 있다.

이 7평 원룸은 직사각형으로 기다란 구조인데 붙박이장과 주방을 제외한 모든 벽을 따라 가구가 빼곡히 들어서 있었다. 그래서 공간이 매우 답답해 보였다. 한편 벽을 제외한 가운데 공간은 전혀 활용하지 않아 텅텅 비어 있었다. 이런 경우 배치만 살짝 바꿔주면 공간 활용을 2배로 늘릴 수 있다.

작은 공간을 넓게 활용하는 계획 세우기

효율적인 공간 활용을 위해서는 명확한 컨셉을 잡고 그에 맞춰 가구 및 소품을 통일한 뒤 각각의 제자리를 찾아주는 작업을 진행해야 한다. 공간 분리를 위해 기존 사다리 선반과 동일한 제품을 추가 구매해 가벽처럼 나란히 배치하는 형태로 계획을 세웠다. 선반 뒤쪽에는 스크린을 설치해서 침대에 누워 빔프로젝터로 영화를 볼 수 있게끔 계획했다. 분리된 공간은 각각 침실과 드레스 & 다이닝룸으로 용도를 명확히 했다. 기존에는 소파 베드와 접이식 테이블을 이용해 식사를 해결했는데, 사용하기 불편해서 소파 베드는 처분하고, 식탁을 새로 구입하기로 결정했다. 다이닝룸에 필요한 식탁과 의자, 침실 쪽 빔프로젝터가 예산의 50% 정도를 차지했고, 그 외 예산은 인테리어 소품 구매로 사용했다.

가상 배치도

공간을 구획한다는 건 두부를 자르는 것과 같다. 메뉴에 따라 자르는 모양을 다르게 하듯 공간도 용도에 따라 나눠주면 된다. 예를 들어 직사각형으로 길쭉한 공간은 중간 중간 파티션 역할을 할 수 있는 가구들을 활용해 큰 공간을 2~3개로 나눠주는 식이다.

before

길이가 짧은 면에 다닥다닥 가구를 배치했는데, 직사각형 공간에서는 길이가 긴 면을 활용해야 한다.

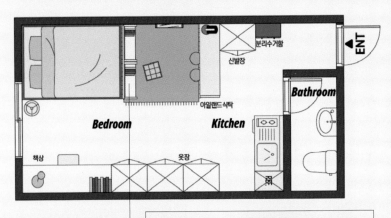

분리수거함

신발장

ENT

Bathroom

아일랜드식탁

Bedroom　　　**Kitchen**

책상　　　옷장

사다리 선반 2개를 가벽처럼 활용하고, 러그를 깔아서 침실과 드레스 & 다이닝룸을 분리한다.

plan

이미 갖고 있는 가구는 많은데 배치와 정리가 안 된 경우로 기존의 사다리 선반과 동일한 제품을 하나 더 구입해서 공간 분리와 수납 기능 업그레이드용으로 활용하기로 했다. 확실하게 분리된 공간에 가구들이 제자리를 잡도록 배치를 달리 하고, 집 안 구석구석 자투리 공간을 활용해서 수납력을 늘릴 계획이다.

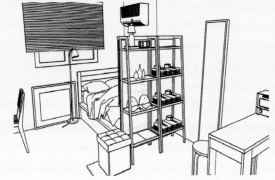

트러블슈팅 1: 사다리 선반을 활용해 공간을 똑똑하게 분리하기

방 중앙에 사다리 선반 2개를 배치해 침실 공간을 분리했다. 이처럼 벽 없이 선반으로만 분리해줘도 이전보다 다양하게 공간을 활용할 수 있어서 공간을 훨씬 넓게 사용한다는 느낌이 든다. 사다리 선반에는 꽉 찬 빌트인 옷장에 보관하기 힘든 옷들을 깔끔히 정리하고, 시계와 캔들 램프를 올려 장식했다.

공간이 분리된 느낌을 극대화하기 위해서 바닥에 러그를 깔고, 사다리 선반 앞에는 수납 스툴과 전신거울을 배치해서 간단한 화장대 공간을 만들었다. 스툴 뚜껑을 열면 내부에 수납할 수 있는 공간이 있어서 드라이기나 휴지 등을 보관하기 좋다.

선반 뒤쪽에는 스크린을 걸어서 아늑한 개인 영화관을 만들었다. 예전에는 누웠을 때 바로 현관이 보여 불편했는데, 스크린과 사다리 선반으로 가려 프라이버시 노출 문제를 해결했다. 방 주인의 후기로는 주말에 침대에서 나오기 싫다는 단점이 생겼지만 작은 모니터로 볼 때보다 훨씬 좋다며 흡족해했다.

원래 사용하던 침대에는 침대 헤드가 없었는데, 빔프로젝터 사용을 위해서는 헤드가 필요했다(침대 헤드 선반에 빔을 올려 사용한다. 미니빔으로 크기가 작아서 폭이 좁은 곳에도 올려둘 수 있다). 이럴 때는 새로 침대를 구입하기보다 헤드만 따로 구입해 설치하는 편이 경제적이다. 헤드 안쪽에는 별도로 간접 조명을 설치해 은은한 분위기를 연출했다. 기존에 사용하던 짙은 컬러 침구는 그레이와 화이트 스트라이프 패턴 침구로 교체하고, 기존에 갖고 있던 액자를 침대 옆에 배치해 포인트를 줬다.

tip
접이식 테이블은
공간 활용도를
높여 준다.

tip
사다리 선반은 공간 분리
역할과 동시에 반대편 빔
프로젝터의 스크린 지지대
역할도 한다.

tip
LED 시계는 인테리어 효과와
기능 모두 충실한 제품이다.

tip
캔들워머로 향초를
안전하게 사용할
수 있다.

침대 헤드 위에 미니빔프로젝터를 올려 반대편 스크린에 쏘아 영화를 감상
할 수 있도록 했다.

사다리 선반을 2개를 평행하게 배치해 가벽 느낌을 살렸다. 층마다 용도를 정해
다른 물건을 수납 및 전시하고 있다.

트러블슈팅 2: 자투리 공간 활용해 배치하고 수납하기

현관 쪽 신발장 바로 옆에는 슬림한 아일랜드 식탁을 배치했다. 폭이 슬림해서 답답해 보이지도 않고, 옆면에 수납할 수 있는 공간도 있어 활용도가 좋다. 식탁 의자는 동일한 디자인의 스툴을 여러 개 구매했다. 사용하지 않을 때는 착착 위로 포개어 보관할 수 있어 공간을 덜 차지한다는 장점이 있다.

현관문에는 자주 들고나가는 물건을 보관할 수 있는 월포켓을 붙이고, 화장실 문에는 부족한 수납공간을 해결해주는 문걸이 수납 선반을 설치했다. 두 가지 모두 쉽게 설치할 수 있으며 훌륭한 수납 기능을 갖췄다. 월포켓은 뒷면이 자석으로 되어 있어 현관이나 냉장고 등에 붙여 사용할 수 있다. 문걸이 수납 선반은 수납공간이 부족한 원룸에 가장 추천하는 제품이다. 주방 상하부장 수납공간이 작아서 고민이었는데, 이 제품으로 손쉽게 해결했다. 설치 방법도 무지 간단해서 그냥 문에 걸어주기만 하면 끝이다.

트러블슈팅 3: 책상은 최대한 깔끔하게

책상 쪽은 깔끔하게 정리하는 데 초점을 맞췄다. 책만 깔끔하게 꽂아도 그 자체로 훌륭한 인테리어가 된다. 한 가지 아쉬운 점은 벽지인데, 페인팅이나 도배가 불가능해서 최대한 모니터 주변을 가리는 선에서 스타일링을 마무리했다. 메쉬보드를 세워 벽지를 일부 가렸는데 좋은 글귀나 그림을 붙이면 개성 있는 인테리어 소품으로 활용할 수 있다.

식탁 상판 아래에 수납공간이 마련되어 있어 주방용품을 보관하기 좋다.

화장실 문에 설치한 문걸이 선반에는 과자나 라면 등 식료품을 보관하고 있다. 기하학적인 패턴
이 프린팅 된 벽지를 교체할 수 없는 책상 공간에는 디자인이나 색상을 최대한 심플한 것으로
통일했다.

7평의 새로운 발견

완성되자 방 주인은 같은 7평인데 훨씬 넓어 보인다며 신기한 눈으로 한참 집을 둘러봤다. 엉뚱한 자리에 있던 가구들의 제자리를 찾아주고 나니 어수선한 분위기도 사라졌다. 방 주인은 7평이라는 공간이 아주 좁기만 한 공간은 아니란 걸 이제 깨달았다며, 주기적으로 배치와 소품들을 바꿔보겠다고 한다.

요리를 하다 보면 같은 재료를 사도 어떻게 조리하고 담아내느냐에 따라 결과물이 달라진다. 인테리어도 마찬가지다. 기본적으로 좋은 가구를 사도 어떻게 활용하고 배치하느냐에 따라 그 결과는 사뭇 다르다. 그래서 인기 있는 제품을 무작정 구매하기보다 원하는 인테리어 이미지 속의 제품들을 한 번에 구입해 따라 하는 편이 성공할 확률이 크다. 거기서 조금씩 변화를 주면서 본인만의 스타일을 찾아가면 된다.

물건이 너무 없어요!
7평 직사각형 원룸

집에 돌아와 문을 열 때마다 횅한 것이 과연 사람 사는 집이 맞나 하는 생각이 들 때가 많아요. 매트리스, 이불, 의자 등 꼭 필요한 것을 사서 배치하고 나니 생활하기에는 별다른 불편함이 없는데, 뭘 더 사서 채워야 할까요? 지금 상태로는 영 집에 정이 들지 않아요. 친구들을 초대하기에도 민망할 정도예요. 일상생활에 꼭 필요한 적은 물건만으로 멋지게 살아가는 미니멀 라이프라면 좋겠지만, 제 경우는 비자발적인 미니멀 라이프거든요. 이제 그만 청산하고 싶어요.

허전하고 정이 안 드는 원인 진단하기

처음 집 꾸미기를 구상할 때 뭐부터 사야 할지 고민될 것이다. 생활하는데 꼭 필요한 물품을 사고 난 뒤라면 더더욱 그렇다. '뭐가 더 필요하지? 여기서 딱 하나만 더 살까?' 하고 고민이 된다면 본인이 좋아하는 활동이 무엇인지 한 번 생각해보자. 잠자기, 요리하기, 카페 가기, 옷 사기 등 본인이 즐겨하는 활동을 집에서도 가능하게 만든다면 그것만으로도 집을 더 사랑하게 될 것이다. 매트리스만 달랑 두고 생활하던 방 주인의 유일한 관심사는 '술'이다. 평소 애주가로 밖에서 음주를 즐기지만 집에서도 가볍게 양주 한 잔 하는 것을 선호한다고 했다. 이를 컨셉트로 잡고 혼자 혹은 여럿이서 분위기 있게 술과 안주를 즐길 수 있는 홈바^{home bar} 인테리어를 구상했다.

셀프 제작 가구로 차별화 계획 세우기

의도치 않은 미니멀 라이프. 이것저것 가득 찬 맥시멀 라이프보다 집 꾸미기를 시행해야 하는 입장에서는 훨씬 더 수월하다. 홈바 컨셉트에 맞춰 가장 신경을 많이 쓴 가구는 바테이블이다. 이 원룸에는 기본적으로 빌트인 붙박이장 수납공간이 잘 확보되어 있어서 별도로 수납 가구를 구입하기보다 바테이블에 수납 기능을 더하는 방식을 선택했다. 세상에 단 하나뿐인 홈바를 위해 기성품 대신 주문 제작하기로 했다. 100% 주문 제작을 한 건 아니다. 제작 가구는 가격대가 높은 편이라, 일반 2단 책장에 원목 상판을 올려 조립하는 방식으로 비용을 줄였다. 사용하던 책장을 활용한다면 더욱 저렴하게 바테이블을 만들 수 있다.

그리고 홈바에서 빼놓을 수 없는 것이 바로 아늑한 분위기다. 썰렁한 공간을 따뜻하게 채워 줄 조명과 데코용품을 장바구니 가득 담아 결제했다. 침구는 전체적으로 밝은 톤을 잡아 주기 위해 그레이 색상을 선택했고, 우중충하지 않게 균형을 잡아줄 시폰 커튼도 함께 구입했다. 역시 쇼핑은 즐겁다.

가상 배치도

짐이 없다는 건 배치에 있어서 자유도가 높다는 말과 같다. 침대를 어느 방향으로 배치해도
걸리는 가구가 없으니 실제 살아보면서 가구 배치를 조금씩 바꿔보는 것도 좋은 방법이다.

before

오로지 잠만 자는 용도로 사용하던
집. 나와 있는 물건을 열 손가락으로
세면 손가락이 남을 정도다.

최종 결정한 평행 배치안

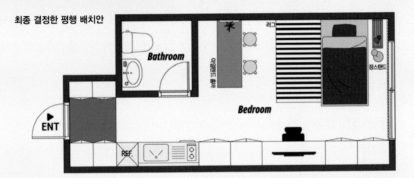

plan

방 주인의 취향을 반영한 바테이블은 주방과 가까운 곳
으로 위치를 정했다. 침대 배치는 현장에서 동선이나 공
간 활용 등을 고려하여 바테이블과 평행으로 둘지 90°
회전해서 둘지 현장에서 결정하기로 했다.

B안

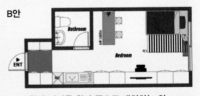

침대 머리를 창가 쪽으로 배치하는 안

C안

바테이블을 창가에 붙이는 배치 안

트러블슈팅 1: 여유 있는 공간, 자유로운 배치

가구는 현관에서부터 바테이블, 러그, 매트리스, 선반 순으로 평행이 되도록 배치했다. 가구가 적어서 다양한 배치를 시도할 수 있는데, 최종적으로 어느 한쪽에 치우치지 않도록 평행 배치하기로 결정했다. 공간에 따라서는 바테이블의 특징을 살려 창가에 붙이는 방식도 추천한다. 이 원룸은 창 밖으로 반대편 건물이 가까이 보이는 편이라 이 방식은 포기했다. 아쉽지만 바테이블은 주방과 가까운 곳으로 위치를 정하고, 매트리스 배치는 바테이블과 평행하게 두는 것과 90° 회전시켜 머리 방향을 창가 쪽으로 하는 것 중 고민됐다. 매트리스는 이 2가지 선택을 두고 현장에서 최종 결정하기로 했다. 짐이 많이 없고 여유 공간이 많으면 이런저런 구상과 시도가 가능하다.

실제로 현장에서 2가지 모두 배치해 보고 나니 동선이나 공간 활용 면에서 평행 배치가 더 적합했다.

트러블슈팅 2: 조명과 소품으로 아늑한 공간 꾸미기

침대 머리맡 옆으로는 원목 2단 선반을 배치하고, 인테리어 소품들을 알맞은 위치에 올려줬다. LED 시계는 시간을 알려주는 본연의 기능을 톡톡히 해내면서도 조명 효과도 있어 인기 있는 부동의 1위 제품 중 하나다.

시계 옆으로는 홈바 컨셉트에 어울리는 네온사인 조명을 배치했다. 플라밍고 모양의 디자인으로 홈바 인테리어에 제격이다. 플로어스탠드는 창 중앙에 배치해 선반 위 소품들을 비춰 강조했는데, 각도를 조절해 벽이나 천장에 빛을 반사시켜 간접 조명처럼 활용해도 좋다.

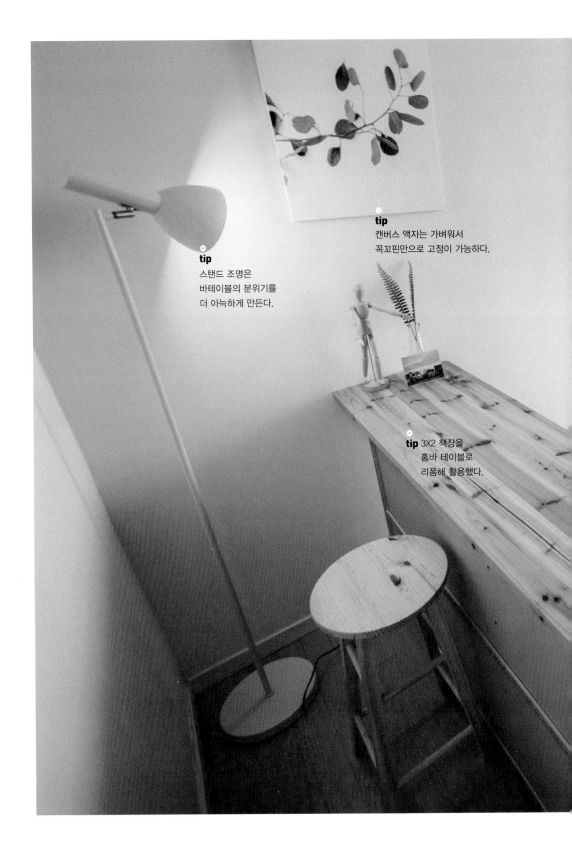

tip
캔버스 액자는 가벼워서
꼭꼬핀만으로 고정이 가능하다.

tip
스탠드 조명은
바테이블의 분위기를
더 아늑하게 만든다.

tip 3X2 책장을
홈바 테이블로
리폼해 활용했다.

tip
침구와 매트리스 색상을
통일하면 깔끔하고 단정한
분위기를 연출할 수 있다.

tip
침구가 심플할 때에는
러그는 패턴이 있는 걸로
변화를 줄 수 있다.

트러블슈팅 3: 취향 저격, 꿈에 그리던 꾸던 Home Bar 실현하기

세상에 단 하나뿐인 바테이블로 완성한 홈바 공간이다. 바테이블은 책장 위에 원목 상판을 결합해 만들었다. 어린이용으로 나온 책장을 활용했는데, 바테이블 높이에 딱 맞는 사이즈였다. 원목 상판은 함께 구입하는 원목 바 의자와 동일한 삼나무로 선택했다. 의자에 앉았을 때 다리가 들어갈 공간을 생각해서 상판 너비는 책장보다 조금 더 여유 있게 재단해야 한다. 홈바가 꿈인 독자들을 위해 셀프로 바테이블 만드는 방법을 단계별로 공개한다.

창가에는 원목으로 된 2단 선반을 두고 높낮이가 다른 소품으로 아기자기한 느낌을 연출했다.

122

STEP 1 사포로 상판 표면 다듬기

표면이 거칠기 때문에 작업 전에 매끈하게 만들어야 나중에 사용하면서 다치는 일이 발생하지 않는다. 400, 600, 800번*의 사포들을 사용했는데, 숫자가 낮은 것부터 높은 순으로 작업을 진행한다. 모서리도 뾰족한 상태이기 때문에 구석구석 꼼꼼히 사포로 문질러 매끄럽게 만들어 준다.

*번<sup> 사포 표면의 거친 정도를 나타내는 단위로, 숫자가 낮을수록 표면이 거칠다.

STEP 2 바니쉬로 마감하기

바니쉬는 가구 표면 위에 사용하는 코팅제로 생활 스크래치나 오염을 방지하는 역할을 하기에 꼭 거쳐야 하는 단계다. 크게는 무광, 유광으로 나뉘는데 유광을 선택해 작업했다. 다 칠한 후에는 환기가 잘 되는 곳에서 약 하루 정도 충분히 말려야 한다.

STEP 3 나무 상판과 책장 합체하기

상판을 책장과 연결하는 단계다. 드릴을 이용해 나사못으로 고정시키면 된다. 책장의 두께와 나사못 상판 및 책장 두께를 고려해 적합한 나사못의 길이를 미리 계산해두면 편하다.

STEP 4 소품으로 홈바 꾸미기

완성된 바테이블은 데코용품들을 활용해 꾸며주면 완성이다. 책장을 활용한 덕분에 칸 별로 수납, 인테리어 데코 등 다양하게 연출할 수 있다. 중앙 하단 칸에는 코튼볼과 조화를 활용해 따뜻하고 아늑한 분위기를 연출해봤다. 방 주인이 소장하고 있는 술잔과 양주도 조명과 매치해봤는데, 꽤나 컨셉트에 충실한 멋진 인테리어 소품이 됐다.

누구나 집돌이 집순이가 될 수 있다

집돌이 집순이는 입을 모아 말한다. "집에서 이렇게 할 일이 많은데 왜 밖에 나가 돈을 써?" 자세히 살펴보면 그들은 밖에서 할 수 있는 일들을 모두 집에서 한다. 요리, 운동, 영화 감상, 음악 감상, 독서 등등 본인의 취미생활을 집에서 할 수 있으니 굳이 밖에 나가지 않게 되고, 자연스레 집돌이 집순이가 되는 것이다.

공간이 바뀐 뒤 칼퇴 빈도수가 높아졌다는 방 주인. 늘 밖에서 사 먹던 음식을 줄이고 앞으로는 집에서 요리해 먹으려고 쌀도 주문했다고 한다. 홈바 하나로 일어난 변화다. 무엇이 됐든 취미를 집으로 들여보자. 집이 머물고 싶은 공간, 얼른 돌아가고 싶은 공간으로 바뀔 것이다.

큰집으로 이사, 어떻게 꾸미죠?
7평 정사각형 원룸

'아! 이제 좀 사람 사는 집 같네.' 반지하 방부터 코딱지만 한 1.5평 원
룸을 전전하다 이번에는 지난 자취방들 중 가장 큰 집을 얻었어요. 무
려 7평이나 되니까요. 벽을 따라 짐을 줄지어 놔도 공간이 남다니! 이
제야 좀 꾸밀 공간이 생겼어요. 방도 넓어졌겠다 이제 인테리어를 제
대로 해보겠다며 이케아에서 이것저것 사 왔는데, 생각처럼 잘 안 돼
요. 배치를 어떻게 해야 할지 모르겠어요. 방이 커져도 문제네요.

뻔한 배치는 이제 그만, 문제점 진단하기

좁은 원룸이라면 배치는 심플하다. 이 공간은 누울 자리, 여기는 옷 거
는 곳 등 좁은 공간에 딱딱 들어맞게끔 암묵적인 규칙이 존재한다. 인
테리어 이론 상 공간 분리를 시도할 공간 자체가 없기 때문이다. 그런
좁은 원룸에서 생활한 지 10년이 넘었으니 이 방 주인은 이미 뻔한 배

치에 익숙해져 버린 지 오래다.

구조에 따라 조금씩 차이는 있지만 7평 정도부터는 배치의 가능성이 높아지면서 다양한 공간 분리가 가능해진다. 침실과 드레스룸, 침실과 주방, 침실과 거실 등 침실을 기본으로 별도의 부수적인 공간을 만들 수 있다. 어떤 공간을 만들지는 철저히 본인의 생활패턴을 고려해야 한다. 넓어진 공간과 함께 생활의 편리성도 높아질 배치를 찾아보자.

침실과 드레스룸으로 공간 분리 계획 세우기

우선 집에서 잠잘 공간은 필수로 확보해야 한다. 방 주인은 침대 없이 이불만 사용하고 있으며, 사용하지 않을 때는 개서 보관하는 생활패턴을 갖고 있었다. 좁은 집에서 생활하느라 몸에 밴 습관인데, 사실 공간 활용에 있어 침대가 없는 편이 더 유리하긴 하다. 가장 큰 가구가 빠진 셈이니 고려해야 할 대상이 줄어들기 때문이다. 이불을 펼 수 있는 공간을 제외하고 두 번째로 많은 공간을 차지하고 있는 것은 옷이다. 행거와 서랍장이 많은 방 주인에게 필요한 부수적인 공간은 바로 드레스룸으로 판단됐다.

공간 분리를 하는 간단한 방법은 파티션 역할을 해줄 가구를 경계에 배치하는 것이다. 보통 공간박스, 책장 등을 이용하면 좋고, 공간이 넓지 않다면 메쉬 파티션보드를 활용하는 것도 방법이다. 이번에는 TV장으로 사용하고 있던 이케아 제품을 활용해 공간 분리를 했다. 여기에 드레스룸에 필요한 전신거울, 수납 트롤리를 추가 구입했고, 침실 공간을 포근하게 만들어 줄 조명과 데코용품을 구입했다.

가상 배치도

시각적으로 봤을 때 가장 이상적이라는 황금비율, 공간에서도 황금비의 법칙이 적용된다. 원룸 공간 구획에 있어 1:1.6 정도의 비율을 어림잡아 맞춰본다면 이상적인 배치에 대한 아이디어를 얻을 수 있다.

plan

주방 라인에 맞춰 TV장을 배치하고, 침실과 드레스룸 경계를 구분 지었다. 기존 가구를 최대한 활용하는 방안을 생각해 예산은 40만 원 정도로 잡고 소품 위주로 구매 계획을 세웠다.

침실 공간 TV장과 사다리 스툴로 공간을 분리해서 침실을 꾸밀 계획이다.

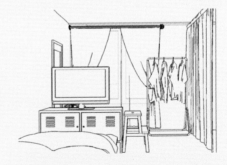

드레스룸 공간 TV장 뒤로는 전신거울과 트롤리, 행거를 배치하여 외출 건 화장과 옷 갈아입기가 가능한 드레스룸 공간으로 꾸밀 계획이다.

트러블슈팅 1: 가구로 간단하게 공간 분리하기

자는 곳과 외출 준비를 하는 공간이 분리되도록 방 중앙에 TV장을 배치해 확실하게 구분해줬다. TV장이나 사다리 스툴 모두 기존에 사용하던 제품으로 배치만 옮겨 공간 분리 용도로 활용했다. TV장을 기준으로 왼쪽은 침실, 오른쪽은 드레스룸으로 계획했다.

보통 공간 분리를 할 때 어느 정도 높이가 있는 제품을 활용한다. 다만 이 원룸에는 침대가 없어서 전체적으로 시야가 아래쪽에 있기 때문에 TV장 정도의 높이로도 충분히 공간 분리가 가능했다. 만약 침대가 있는 공간이라면 책상이나 책장 등 조금 더 높은 가구를 활용하는 편이 더 효과적이다.

공간 분리 용도로 활용한 TV장

tip
원목 선반장은 활용도가 좋고
어느 곳에나 잘 어울린다.

tip
심플한 디자인의
레터링 액자는
무심한 듯 포인트가
된다.

tip
테이블스탠드 하나로
우아한 공간이 연출된다.

트러블슈팅 2: 난생처음 갖게 된 드레스룸

TV장 뒤로는 전신거울과 트롤리를 두고 외출 전 화장할 수 있는 공간을 만들었다. 화장대가 따로 없어 트롤리에 화장품을 보관하고 있는데, 전신거울과 함께 사용하면 딱 좋다. 전신거울은 방 주인의 강력한 바람으로 구입했다. 좁은 공간에서는 커다란 전신거울을 두는 것만으로도 공간이 좀 더 넓어 보이는 착시효과가 있어 인테리어적으로도 좋다.

기존에 창문 앞에 있던 TV장이 빠지고 나니 생각보다 큰 창이 눈에 들어왔다. 외출전 옷을 갈아입는 공간이므로 프라이버시 확보를 위해 시폰과 암막 조합의 이중 커튼을 설치했다. 그리고 지저분한 에어컨은 패브릭 포스터를 이용해 살짝 가려주었다. 전신거울 앞 플로어스탠드도 기존에 사용하던 제품인데, 가랜드 조명으로 포인트를 줬다. 원룸에서 흔하게 보이는 제품 중 하나지만 조명을 달아 특별한 플로어스탠드로 재탄생시켰다. 라탄바구니도 적용했다. 본래 식물 화분을 가리거나 빨래 바구니 등 다용도로 활용되는 제품인데, 플로어스탠드와 매칭 하여 스탠드 받침을 가리는 색다른 용도로 사용해봤다.

TV장을 기준으로 침실과 분리된 드레스룸은 전신거울, 화장대 기능을 하는 트롤리, 행거로
간단하지만 활용도 높게 구성했다.

트러블슈팅 3: 어두운 밤에 더 빛을 발하는 조명 인테리어

침실의 가장 큰 변화는 조명이다. 기존 가구 배치에서 변경된 것은 머리맡의 선반뿐이고, 데코용품과 조명만 추가했다. 바닥에는 드레스룸과 조금 더 확실하게 구분된 느낌을 주기 위해 러그를 깔아주었다. 바닥을 다르게 차이를 주는 것도 공간 분리에 도움이 된다. 조명을 제외한 소품들은 모두 오프라인 매장에서 구입했다. 다 합쳐서 약 5천 원 정도로 적은 금액이지만 인테리어 효과는 확실하다.

포근하고 단정한 느낌을 연출하기 위해 베이지색 바닥에 맞춰 화이트와 블랙, 그레이 계열로 톤을 맞췄다. 추가로 구입하는 가구가 거의 없어서 소품과 조명, 배치에 많이 신경을 썼다. TV장 위에는 순록의 커다란 뿔 모양으로 된 액세서리 거치대를 뒀는데, 반짝이는 목걸이와 귀걸이를 걸어 유니크한 인테리어 소품으로 활용할 수 있다.

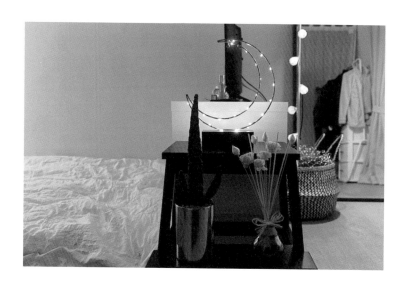

인기 있는 제품은 이유가 있다

이 원룸은 기본적으로 갖고 있던 가구들을 재사용할 수 있다는 게 가장 큰 장점이었다. 화장할 때 기초 케어가 잘못되면 화장이 뜨는 것처럼, 기본 가구들이 튀었다면 아무리 예쁜 소품으로 가리고 꾸며도 커버가 안 됐을 것이다. 화장에 비유하자면 본격적인 색조 단계가 조명과 소품 활용인 셈이다.

SNS와 인터넷 상에서 인테리어 자료가 많이 퍼지고 공유된 만큼 소비자들의 제품 고르는 안목이 높아졌다. 이유 없는 베스트셀러는 없다. 꾸준히 사랑받고, 많은 인테리어에 활용된다는 것은 충분히 좋은 제품이라는 증거다. 동시에 수많은 스타일링 참고 자료가 있다는 뜻이기도 하다. 정말 인테리어에 자신이 없다면, 인기 제품을 선택할 것을 추천한다. 수많은 스타일링 자료를 따라 해 보면 어느 순간 내 공간에 맞는 배치를 찾을 수 있을 것이다.

집이 너무 어두워요!
6평 오피스텔

오피스텔은 대게 한쪽 벽이 거의 다 창문이라 기대가 컸어요. 그런데 창이 크면 뭐하나 바로 앞에 건물이 떡 하니 막고 있으니! 서울에서 채광까지 완벽한 공간 구하기는 어려우니 이 정도 풀옵션 오피스텔이라면 만족스러운 편이라 계약했어요. 그런데 막상 살아보니 어두워서 그런지 집에 있으면 왠지 쓸쓸하고 외로운 기분마저 들어요. 반려묘 미래도 기운 없이 창 밖만 하염없이 구경하는 걸 보니 어두운 게 싫은 눈치예요. 내가 외출하면 미래 혼자 이 집에 있어야 하는데, 매일 아침 집을 나서는 발길이 무거워요.

공간을 밝히는 조명 인테리어의 중요성

잡지 화보 속 집처럼 예쁘게 꾸며진 집들의 공통점을 찾아보면 바로 '조명'이다. 조명은 어두운 공간을 밝혀 주는 본연의 기능에 더해 인테

before 한낮에도 어두운 실내

리어 장식으로서의 기능도 훌륭하게 해내기 때문이다. '조명발'이라는 말도 있듯이 조명 하나가 주는 효과는 실로 크다.

원룸에 기본적으로 설치된 조명은 천장 형광등이 전부다. 천장등을 멋진 것으로 교체할 수 있다면 좋겠지만, 월세라면 쉽지 않은 일이다. 이럴 때에는 시공 없이 바로 사용할 수 있는 제품을 활용할 수 있다. 제품에 따라 조립이 필요한 경우가 있으나 공구 없이 맨손으로 쉽게 조립할 수 있는 난이도니 전혀 걱정할 필요 없다.

어떤 조명을 사야 할까?

실내조명은 시공이 필요한 천장등과 벽등을 제외하면 제품 길이에 따라 플로어스탠드와 테이블스탠드로 분류하고, 그 외의 제품은 대부분 무드등에 속한다. 또한 전원에 연결하여 사용하는 유선 제품과 일회용 건전지나 충전식으로 된 무선 제품으로 나뉜다. 조명 선택에 앞서 전원을 확보할 수 있는 위치부터 파악해야 한다.

전원이 확보되었다면 종류를 정하면 된다. 콘센트가 충분하지 않다면 무선으로 된 제품을 주로 사용하되 높은 조도가 필요한 공간에는 유선으로 된 스탠드를 배치하는 것이 좋다. 건전지나 충전식으로 된 무선 제품은 은은한 불빛이라 독서나 컴퓨터

가상 배치도

큰 가구들은 평면도 상에서 뚜렷하게 표현이 되지만 인테리어 데코용 소품들은 표현이 어렵다. 이럴 때는 제품 이미지들을 잡지 사진 콜라주를 하듯이 모아 보면 어느 정도 조화를 미리 확인해볼 수 있다.

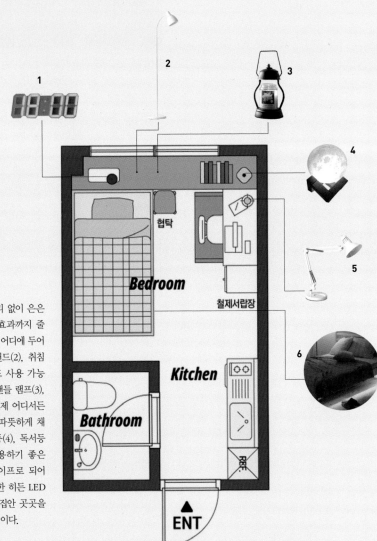

plan

시계 기능은 물론 소리 없이 은은하게 빛나 인테리어 효과까지 줄 수 있는 LED 시계(1), 어디에 두어도 깔끔한 플로어스탠드(2), 취침등이나 무드등으로도 사용 가능한 앤틱한 디자인의 캔들 램프(3), 무선이라 간편하며 언제 어디서든 밝은 달빛이 공간을 따뜻하게 채워주는 3D 달 무드등(4), 독서등이나 작업등으로 활용하기 좋은 테이블스탠드(5), 테이프로 되어 있어 쉽게 설치 가능한 히든 LED 침대 조명(6) 등으로 집안 곳곳을 따뜻하게 밝혀줄 계획이다.

작업을 하는 책상 위에는 부적합하기 때문이다. 원하는 위치까지 전원을 끌어오기 위해 길게 멀티탭을 여러 개 연결하는 문어발식 코드 사용 또한 안전 문제와 직결되므로 2개 이상은 연결하지 않도록 주의한다.

이 원룸은 창문을 중심으로 양쪽 벽에 총 4개의 콘센트가 있어 어디서나 전원 공급이 가능한 이상적인 형태다. 다만 침대 배치로 가려진 부분의 콘센트는 사용할 수 없어 선이 긴 멀티탭을 활용해 원하는 위치까지 전원을 끌어왔다.

트러블슈팅 1: 노란 조명으로 정이 가는 분위기 연출하기

침대 쪽과 창가에 집중적으로 조명을 배치하고, 책상 위에는 테이블스탠드를 배치해 작업 환경에 적절한 조도를 확보했다. 테이블 조명을 제외하고 전체적으로 노란빛의 전구색 조명을 활용했다. 무드등 같은 일체형 제품을 제외한 모든 조명 기구는 전구를 별도로 구매해야 한다. 대부분 조명 기구를 구매할 때 옵션으로 전구를 선택할 수 있다. 이때 반드시 확인해야 할 게 색온도(K, 빛의 색감)다. 소비 전력과 빛의 밝기는 동일하므로 빛의 색감에 따라 노란빛(전구색)과 하얀빛(주광색) 중에 선택하면 된다. 조명의 주된 목적이 인테리어라면 무조건 노란빛을 추천한다. 시각적으로 따뜻하고 안정적인 느낌이 들어 인테리어용으로 적합하기 때문이다. 하얀빛은 밝은 느낌이 강해 차가운 느낌이 드는데, 책을 읽는 공간이나 다양한 식재료의 실제 색을 확인해야 하는 주방에 적합하다. 예외적으로 모던하고 깔끔한 화이트 인테리어에는 하얀빛이 어울리는 경우도 있다.

tip
모달 침구는
보들보들한 촉감이
특징이다

tip
간접 조명은 동작
감지 센서로 작동해
언제든 공간을 밝혀
준다.

tip
3D 달 무드등으로
몽환적인 분위기를
더했다.

tip
접이식 테이블을
창가에 기대어
액자처럼 연출했다.

트러블슈팅 2: 프라이버시는 지키고, 생활은 더 편리하게

창문 밖 맞은편 건물과 너무 붙어 있어 블라인드 없이 생활하기에는 조금 민망한 상태였는데, 창틀과 창가에 액자 같은 소품들을 올려 창의 일부를 가려줬다. 기본적으로 설치된 블라인드를 내리고 생활해도 되지만 창 밖 구경이 취미인 반려묘 미래를 위한 작은 배려. 처음에는 미래가 창가에 올려진 소품들을 건드려 떨어뜨릴까 조마조마했는데, 다행히 녀석도 마음에 드는지 살금살금 잘 피해 다니고 있다.

침대 프레임 하단에는 센서로 작동하는 간접 조명을 설치했다. 테이프처럼 기다란 띠 형태로 된 제품이라 원하는 위치에 원하는 만큼 잘라 사용하면 된다. 별도의 공구는 필요 없고 제품에 부착된 양면테이프를 이용해 원하는 위치에 붙인 후 전원 코드에 선을 연결해 사용하면 된다. 센서로 작동하기 때문에 어두운 밤 화장실에 갈 때 더듬더듬 전등 스위치를 찾지 않아도 돼서 더욱 좋다.

조금 더 자세히 들여다보면 이 방에는 숨겨진 조명들이 더 있다. LED 시계는 노란빛이 나오는 옵션도 있었지만 시간을 뚜렷하게 보여주는 하얀빛만 나오는 제품을 선택했다. 창가 쪽 붙박이장은 침대 배치 때문에 수납 용도로 활용하기 어려운 상태였다. 반투명 유리문의 특성을 살려 안쪽에 조명을 넣어봤는데 은은하게 빛이 새어 나와 실내 분위기가 한층 부드러워졌다. 쉽게 켜고 끄기 위해 스마트 전구를 사용했다. 자기 전에 어플로 조명을 끌 수 있고 색온도 또한 조정 가능한데, 한 번이라도 사용해보면 이 기능 없이 어떻게 살았나 싶을 정도로 편리하다.

창틀 공간이 넓어서 소품을 올려 꾸몄다. 중앙의 빈티지 술 보관함은 애주가인 방 주인
의 개인 소장품이다.

트러블슈팅 3: 공간을 특별하게 만드는 소품 활용

책상 쪽에는 비교적 조명을 적게 사용했는데, 책상 위 테이블스탠드와 창가 쪽에 배치한 3D 달 무드등 2가지가 대표적이다. 테이블스탠드는 하단부가 클립 형태로 된 제품을 선택해 폭이 좁은 책상에서 차지하는 공간을 최소화했다. 3D 달 무드등은 충전식으로 사용하는 제품인데, 울퉁불퉁한 달 표면까지 섬세하게 표현되어 있어 가격 대비 퀄리티가 만족스럽다. 또한 하단 조작부를 터치해 밝기나 색온도를 바꿀 수 있어 다양한 연출이 가능하다.

달 무드등 옆으로는 책을 기울여 보관할 수 있는 사선 북엔드를 배치했다. 다 읽은 책들이라 자주 손은 안 가지만 소장하고 싶어 하는 방 주인의 취향을 반영했다. 비스듬히 꽂혀 있는 모양새가 독특해서 자꾸 시선이 간다. 이런 유니크한 소품 하나만 있어도 분위기가 확 달라지니 참고하자.

나를 반겨주는 공간의 힘

혼자 살면서 겪는 고충은 한두 가지가 아니다. 그중에서 원룸 생활자 모두가 공통적으로 겪는 고통은 '외로움' 아닐까? 독립한 직후에는 온전히 혼자라는 자유와 해방감에 들떠 외로움을 느낄 새가 없다. 하지만 얼마 지나지 않아 어두컴컴한 집에 불을 켜고 들어가면 외로움이 스멀스멀 몰려온다.

방 주인은 공간이 바뀐 후 집으로 돌아가는 길이 괜히 즐거워졌다고 한다. 딱히 무언가를 하고 있지 않아도, 본인의 취향이 담긴 공간에 있다는 것 자체만으로 즐겁단다. 그리고 작은 스투키 하나를 사서 책상 위에 두었다는 말도 덧붙였다. 어두운 공간을 밝혀준 조명 덕분일까? 밝아진 방 주인의 표정에서 공간의 힘을 다시 한번 느낀다.

기존 옵션을 바꾸고 싶어요
10평대 오피스텔

본가와 멀리 떨어진 직장에 취직하면서 난생처음 독립이란 걸 했어요. 처음 얻은 집이 어떻게 다 마음에 들겠냐는 생각으로 만족하며 생활하고 있어요. 하지만 저 눈에 거슬리는 블라인드는 좀 어떻게 했으면 좋겠어요. 기본 옵션으로 설치되어 있어서 돈은 굳었지만, 내 자취 로망 최대의 적이라고나 할까요? 샤랄라 한 커튼이 예쁘게 날리는 공간을 상상했건만 투박한 검은색 블라인드라니! 이게 바로 현실과 로망의 차이인가 봐요.

기존 옵션, 무엇을 남기고 무엇을 버릴지 계획 세우기

어렵게 구한 집, 기본 옵션이 짐이 되는 경우가 의외로 많다. 이전 세입자가 두고 간 물건, 기본 붙박이장, 블라인드 등 전혀 나의 의사와 관련 없이 내 구역을 침범하는 것들 말이다. 붙박이장이야 붙어 있는 걸 떼어낼

before 검은색 블라인드는 공간이 좁아 보이는 가장 큰 원인이었다.

수 없지만 기본 옵션 가구는 입주 전에 집주인과 조율해보는 게 좋다.

이 집에는 기존 옵션으로 블라인드와 책상, 서랍장이 있었는데, 활용도가 좋은 책상을 제외하고 모두 교체하기로 결정했다. 기존 배치를 둘러보니 수납 방식만 다르게 해도 공간을 더 효율적으로 사용할 수 있을 것 같았다. 정리정돈과 수납에도 요령이 필요하다. 아예 정리하는 습관을 들이지 않는 이상 금세 지저분해지기 때문이다. 우선 물건을 비워낸 뒤 용도별, 사용 빈도별 기준을 세워 분류하고 물건들을 보관할 수납용품의 크기와 유형을 선택해 정리해야 한다.

기존 옵션 가구 Check list

X 교체할 것, △ 보류, ○ 사용할 것

○	책상
X	블라인드
X	서랍장
X	교자상

⋮

가상 배치도

기본 수납공간이 잘 마련되어 있는 풀옵션 오피스텔이었지만, 작은 소품들을 보관할 만한 수납용품들이 없었다. 수납은 원룸 인테리어에서 가장 중요한 요소이므로 배치 구상 단계부터 염두에 둬야 한다.

before 너저분하게 늘어놓은 화장품과 아령 등의 수납이 문제였다. 나름 자주 사용하는 것만 꺼내 두고, 나머지는 안쪽에 보관했지만 지저분한 느낌은 지울 수가 없다.

plan

공간을 답답하게 보이게 하는 검은색 블라인드를 없애고 방 주인의 로망을 실현해줄 계획을 세웠다. 커튼, 퀸사이즈 매트리스, 빔프로젝터, 1인용 소파가 바로 그 해결사들이다.

옵션2 크고 튼튼한 책상은 그대로 사용하되 인테리어 컨셉트에 맞게 스타일링하기로 했다.

옵션1 공간을 답답하고 좁아 보이게 하는 블라인드는 커튼으로 교체하기로 했다.

옵션3 벽 한 면을 다 채우는 빌트인 수납 붙박이장은 떼어 낼 수 없으므로 그대로 사용하기로 했다. 덕분에 각종 큰 짐과 옷, 주방용품, 신발 등을 깔끔하게 수납할 수 있다.

트러블슈팅 1: 정리만 해도 깔끔해진다

옵션인 붙박이장에는 화장대처럼 사용할 수 있게 거울이 달린 공간이 있었다. 그래서 따로 화장대를 구매할 필요가 없었는데, 너저분하게 늘어놓은 화장품과 아령 등의 수납이 문제였다. 나름 자주 사용하는 것만 꺼내 두고, 나머지는 안쪽에 보관했지만 지저분한 느낌은 지울 수가 없다.

화장품 수가 어마어마하게 많지는 않았지만 통일되지 않은 디자인, 색상들이 섞여 있으니 지저분한 느낌이 들 수밖에 없다. 이럴 때에는 다양한 색감을 가려줄 수 있는 불투명한 소재의 수납용품을 활용하는 것이 좋다. 하지만 화장품 특성상 한눈에 색상을 확인하고, 무슨 제품인지 구분되는 것이 사용하기 편하므로 반투명한 소재를 선택했다.

계획한 대로 책상은 버리지 않고 기존 위치 그대로 배치했다. 교체하기에는 사이즈도 크고, 튼튼해서 까만 프레임에 어울리는 소품들과 매치해 활용하는 방안을 선택했다.

작아서 이리저리 굴러다니기 쉬운 화장품들은 칸막이로 나눠진 수납함에 정리했다. 대부분의 책은 선반에 두고, 책상 위에는 방 주인이 특별히 좋아하는 책을 장식처럼 올려두었다.

트러블슈팅 2: 자취 로망의 큰 꿈 두 가지가 실현되다

따뜻한 조명과 빔프로젝터가 있는 아늑한 공간으로 다시 태어난 침실이다. 집에서 휴식할 때 대부분의 시간을 침대에서 보낸다는 방 주인의 생활패턴을 반영해 퀸 사이즈 매트리스를 선택했다. 좀 더 편히 뒹굴뒹굴 할 수 있으니 더더욱 이불 밖을 나서기 어려워졌다고 한다. 부피가 큰 다른 가구가 없어서 퀸 사이즈임에도 공간이 꽤 넉넉해 보인다. 게다가 퀸 사이즈 매트리스가 거대해 보이지 않는 비밀은 침구에도 숨어 있다. 백색 아이보리 색상 덕분에 시각적인 착시 효과가 있어 크다는 느낌을 없애준다. 관리가 힘들긴 하지만 깨끗하고 깔끔하기로는 이만한 게 없다.

빔프로젝터는 1인 가구 사이에서 꾸준히 사랑받는 아이템이다. 방 주인 역시 그런 사람들 중 하나였는데, 이번 기회에 그 꿈을 실현했다. 빔프로젝터도 종류가 다양하다. 본인이 중요하게 생각하는 기준에 따라 맞는 제품을 선택하면 된다. 방 주인은 휴대성과 디자인, 간단한 사용법을 중요시 생각하는 경우라 가성비 좋은 미니빔을 추천했다. 미니빔이라 노트북이나 USB 연결은 어렵지만 미러링 기능이 있어서 스마트폰과 연결해 사용할 수 있다. 침대 맞은편 화장대 위에 올려두고 사용하기 딱 좋다.

기본으로 설치되어 있던 검은색 블라인드는 집주인 동의를 얻고 교체했다. 야근이 잦아 푹 잘 수 있는 환

tip
빈 벽은 빔프로젝터의
스크린으로 활용한다.

tip
협탁에는 간단한 수납이
가능해서 소품들을
올려두기 좋다.

tip
퀸 사이즈 매트리스로
여유로운 침대 생활을
확보했다.

tip
스트라이프 러그는 침대
길이에 맞는 제품을 사용했다.

경이 필요하다는 방 주인을 위해 짙은 그레이 색상의 암막 커튼을 선택했다. 그리고 자취 로망 중 하나였던 하늘하늘한 시폰 커튼도 이중으로 설치해 실용성과 취향을 모두 살렸다.

트러블슈팅 3: 원룸에서 실현하기 어려운 또 하나의 로망, 소파의 대안

방 주인의 또 다른 요청 중 하나는 소파였다. 하지만 퀸 사이즈 매트리스를 들여놓자 소파가 들어갈 만한 공간이 없었다. 방법이 아예 없는 건 아니었지만 무리하게 소파를 둬서 답답하게 살 필요는 없었다. 그래서 대안으로 1인용 암체어를 선택했다. 접이식으로 된 제품이라 오랫동안 사용하지 않을 때는 접어서 보관할 수 있고, 의자의 기울기도 원하는 대로 조정할 수 있다는 장점이 있다. 바깥 생활에 지쳐 집에 들어왔을 때 씻는 것도 귀찮을 때가 있다. 그럴 때 암체어에 털썩 앉아 좋아하는 간식을 먹으며 잠깐 휴식을 취해보는 건 어떨까?

침대 옆에는 원목 느낌의 협탁을 배치했다. 침대 프레임 없이 매트리스만 사용하는 터라 보조 테이블이 필요했는데, 백색 침구와 잘 어울리는 내추럴한 디자인을 선택했다. 협탁 아래에는 수납이 가능하다. 협탁 위 무드등도 같은 원목 느낌으로 톤을 맞췄다.

협탁 우측에는 평소에는 액자처럼 연출할 수 있는 접이식 테이블을 두었다.

트러블슈팅 4: 정리만 해도 편해진다

주방 또한 빌트인으로 기본적인 상하부장 수납공간이 넉넉한 편이었

나른하게 앉아있기 좋을 법한 암체어는 매트리스 아래쪽에 자리 잡았다. 소파와 테이블 모두
접이식 제품으로 사용하지 않을 때에는 접어서 보관해 공간을 더욱 넓게 쓸 수 있다.

다. 하지만 자주 사용하는 조미료들이 정
리가 안 된 상태로 방치되어 있었다. 양념
통도 화장품과 동일하다. 각각의 디자인
과 통일되지 않은 상표, 색감이 지저분함
을 증폭시키는 요인이다. 가장 좋은 방법
은 같은 디자인으로 된 용기를 구매해 매
번 옮겨 담아 보관하는 것인데, 요리를 잘

안 해 먹는다면 굳이 그렇게까지 할 필요는 없다. 2단으로 공간을 적
게 차지하는 슬림한 선반을 활용해 양념통을 보관하는 것만으로도
정리와 통일감을 줄 수 있다. 식초나 카놀라유처럼 높은 제품은 아래
쪽에, 소금이나 참깨처럼 낮은 제품은 위쪽 선반에 보관하면 된다. 각
종 조미료들을 한 곳에 보기 좋게 모았기 때문에 요리할 때 동선도 편
해졌다.

HOME SWEET HOME

밖에서 보내는 시간보다 집에서 보내는 시간이 즐거운 이는 얼마나 될
까? 방 주인은 퇴근 후 집에 돌아가면 '아, 드디어 집이다'라는 안도감
이 든다고 한다. 하루를 마치고 침대에 누워 조명을 켜는 순간이 이렇
게 좋다는 것도 이제야 알게 되었다. 나의 라이프스타일과 맞는 공간
이라면 그 행복감은 배가 된다. 거창하게 생각할 필요 없다. 무엇을 할
때 내가 가장 편한지, 어떤 공간에 갔을 때 좋다고 느끼는지를 모아보
면 내게 꼭 맞는 공간이 머릿속에 그려질 것이다.

공간에 알맞은 조명 고르기

인테리어 하면 절대 빠질 수 없는 요소 중 하나인 조명에 대해 알아보자. 적재 적소에 배치만 잘해도 편리함은 물론 평범하던 공간의 분위기도 색다르게 연출할 수 있다. 조명의 종류와 공간별 조명 고르기 TIP을 참고하여 조명을 골라보자. 복잡하고 어렵기만 했던 조명 고르기가 한결 쉬워질 것이다.

01__조명의 종류

조명은 형태에 따라 그 종류가 매우 다양한데 인테리어에 많이 사용되는 종류로는 플로어스탠드, 테이블스탠드, 펜던트램프, 브래킷, 무드등 등이 있다. 종류별로 특징을 확인하여 내게 필요한 조명을 골라보자.

PENDANT LAMP

FLOOR STAND

TABLE STAND

FLOOR STAND

PENDANT LAMP

FLOOR STAND

BRACKET

TABLE STAND

PENDANT LAMP

플로어스탠드 FLOOR STAND

높은 램프 대가 있어 바닥 위에 세워두는 조명을 말한다. 높이감이 있어 조명 하나로 공간의 분위기를 바꾸고 싶을 때 제격이다. 또한 위치 이동이 어렵지 않아 한 공간이라도 여러 위치에 다양한 형태로 사용이 가능하다.

테이블스탠드 TABLE STAND

플로어스탠드보다 램프 대가 짧은 형태로 테이블이나 콘솔, 침대 옆 사이드테이블에 올려놓고 사용하는 조명이다. 인테리어 조명 중에서도 보편적으로 가장 많이 쓰는 만큼 다양한 디자인이 나와 있다. 광범위한 부분보다는 국소 부위를 비추는 용도로 주로 사용된다.

펜던트램프 PENDANT LAMP

줄이나 체인으로 천장에 매달아 이용하는 조명을 말한다. 다이닝룸의 식탁이나 테이블 등 넓지 않은 공간을 비출 때 많이 사용한다. 줄의 길이로 높낮이를 자유롭게 조절할 수 있다는 특징이 있다. 예쁜 디자인이 많아 인테리어 포인트용으로 적합하다.

브래킷 BRACKET

벽등을 뜻하며 메인 조명의 보조 역할 또는 벽에 장식적인 효과를 주기 위해 사용한다. 벽에 반사되는 빛이 공간에 은은하게 퍼지기 때문에 복도와 같이 좁은 공간에서 사용하게 되면 넓고 쾌적해 보이게 만들어 준다.

무드등 MOOD LIGHT

은은하고 부드러운 빛을 내며 저렴한 가격대와 높은 인테리어 효과로 인기가 많다. 빛의 색이 지속적으로 변하거나 일정한 빛만 내는 등 다양한 형태가 있고, 가습기나 블루투스 스피커 등에 무드등 기능이 탑재되어 있기도 하다.

02 __ 공간별 조명 고르기

거실

집안 전체의 인상을 좌우하는 공간인 동시에 휴식을 위해 가장 많은 시간을 보내는 곳으로 편안하고 아늑한 분위기를 조성하는 조명의 선택이 중요하다. 거실은 보통 전체 조명과 간접 조명을 함께 배치하기 때문에 전체 조명은 비교적 밝고 큰 것. 간접 조명은 은은하게 빛을 비추는 것을 고르는 것이 좋다.

어두운 코너 또는 소파 옆에 플로어스탠드를 배치하면 아늑한 분위기를 살리는 데 도움이 된다. 브래킷을 소품이나 가구를 비추는 포인트 조명으로 사용하는 것도 좋다. 불을 켜지 않을 때도 허전한 벽을 채워주는 또 하나의 장식이 된다.

침실

수면을 취하는 중요한 공간인 만큼 너무 밝은 조명보다는 심리적인 평온함을 줄 수 있는 조명이 좋다. 침대의 옆이나 위 등 침대 범위 안에 은은하고 부드러운 조명을 배치하면 잠들기 전 휴대폰이나 책을 보는 데 유용하게 사용할 수 있다.

테이블스탠드, 플로어스탠드, 브래킷 등 다양한 종류의 조명이 어울리지만 공간이 좁거나 매트리스의 높이가 낮은 침실에는 테이블스탠드가 어울린다. 빛의 색상과 밝기 조절이 가능한 무드등도 침실에 사용하기 좋은 조명 중 하나다. 그중에서도 인테리어 효과가 뚜렷하거나 가습기, 스피커 기능의 무드등은 낮과 밤 모두 사용하기 좋은 일석이조의 아이템이다.

주방

물과 음식물이 닿기 쉬운 주방은 공중에서 빛을 비추는 펜던트 조명을 추천한다. 다만 위치별 목적에 맞게 위험한 불과 칼을 사용하는 조리대 위에는 빛의 밝기가 높은 조명으로, 식사하며 대화를 나누는 식탁에는 식욕과 대화의 집중도를 올려주는 조명으로 조명의 색깔까지 고려하여 선택해야 한다.

아이들이 있는 집을 위한 키치한 컬러의 펜던트부터 세련된 스틸 소재로 된 것. 코지한 느낌의 라탄까지 다양한 소재와 디자인의 펜던트가 있으니 내 거실 인테리어에 맞게 골라보자.

서재

오랜 시간 작업을 하더라도 집중할 수 있도록 빛이 퍼지는 정도와 강도를 고려하여 눈의 피로도를 최소화하는 조명을 골라야 한다. 책상에 놓고 사용하는 테이블스탠드는 백열전구를 사용할 경우 헤드가 뜨거워질 수 있으니 오랜 시간 사용해도 발열이 적고 제품 수명이 긴 LED 전구를 권장한다. 각도 조절이 가능한 테이블스탠드는 원하는 방향으로 빛을 이동하며 사용할 수 있어 업무의 집중도를 높이기 좋다. 블루투스 스피커의 기능이 함께 있는 테이블스탠드도 추천한다.

PART 02

내 공간이 넓어졌다,
투룸 & 복층
인테리어

CHAPTER 1

드디어 로망을 이루다

발품 팔아 집을 구해본 사람이라면 다 같아 보이는 원룸에도 몇 가지가 있다는 것을 알 것이다. 원룸은 크게 개방형과 분리형 두 가지로 나뉜다. 개방형은 말 그대로 공간의 분리 없이 하나로 된 원룸을 말하며, 분리형은 독립된 방 하나와 주방이 분리되어 있는 구조를 일컫는다. 여기에 방이 하나 더 있으면 투룸이라고 한다. 개방형은 매물이 많아 방을 구하기 쉽고, 막힌 공간이 없어 같은 평수라도 넓어 보이는 효과가 있다. 하지만 요리를 할 때 온 집안에 냄새가 배기 쉽고, 현관을 열었을 때 바로 침대가 보이는 등 몇 가지 단점이 있다. 분리형 원룸의 장단점은 개방형 원룸의 딱 반대다.

드디어 주방과 침실이 분리됐어요
10평대 분리형 원룸

근무지 때문에 지방에서 거주하다가 직장을 옮기는 바람에 서울로 올라오게 됐어요. 늘 풀옵션이 갖춰진 집에서만 살다가 모처럼 집을 꾸며볼까 하는 생각에 기본옵션만 있는 분리형 원룸을 구하게 됐지요. 집에서 요리를 할 때마다 이불이나 옷에 냄새가 배는 게 내심 신경 쓰였는데, 방이 확실하게 분리된다고 생각하니 정말 좋았어요. 그런데 집이 이렇게나 넓었나? 침대만 방으로 옮겼을 뿐인데, 거실이 횅해요. '여기를 어떻게 채워야 한담.' 괜히 큰 집을 얻어 사서 고생인가 싶어요.

집에서 요리를 즐겨하는 방 주인은 이직을 계기로 꿈에 그리던 분리형 원룸을 구했다. 원룸에서 가장 큰 면적을 차지하던 침대를 방 안으로 넣고 나면 막상 거실에 무엇을 둬야 할지 막막해진다. 원룸에서 없던 공간이 추가로 생긴 것이니 횅한 게 당연하다. 하지만 당황할 필요는 전혀 없다. 공간이 넓어질수록 인테리어 가능성도 높아지는 법! 선택의 범주가 늘어난다는 반가운 일이다. 추가로 생긴 공간에 무엇을 채울지는 이제부터 고민하면 된다. 그야말로 행복한 고민의 시작이다.

침대를 침실로 옮기자 커다란 거실 공간이 드러났다.

공간의 성격과 컬러 정하기

파트 1에서 살펴본 원룸들의 예처럼 개방형 원룸에서는 공간을 분리
하기 위해 가구를 활용하거나 러그로 영역을 구분하는 등의 방법을
썼지만 분리형 원룸은 그럴 필요가 없다. 분리에 대한 고민은 건너 뛰
고 각 공간마다 어떤 색감으로 채울지, 어떤 가구가 필요할지 정하는
단계로 바로 넘어가면 된다.

우선 공간을 거실, 주방, 침실 3개로 나눠 생각해 보자. 각 공간을 꾸
밀 색을 2~3가지 이내로 정하면 그다음 가구 선택이 쉬워진다. 현관
에서 바로 보이는 거실을 전체 공간의 중심으로 잡고 컬러를 선택했
다. 심플하고 모던한 스타일을 좋아하는 방 주인의 취향을 반영해 거
실 컬러는 그레이, 블랙, 우드 3가지로 정했다. 그다음 주방은 음식이
만들어지는 곳이기 때문에 별도로 깔끔한 화이트를 주로 사용했다.
여기에 거실에서도 사용할 우드 계열의 브라운 색감을 섞어 음식이
좀 더 맛있어 보이게 하는 효과를 노렸다. 침실은 거실보다 아늑한 느
낌을 주고 싶어 화이트와 우드로 편안한 감성을 더했다.

가상 배치도

벽으로 분리된 공간이 생겼다. 배치 고민은 두 배가 되기도 하고, 오히려 선택지가 줄기도 한다. 하지만 어렵게 생각할 필요 없다. 이전에 해온 것처럼 넓은 공간은 나눠주고, 좁은 공간은 큰 가구부터 배치해 나가면 된다.

plan

우선 공간을 거실, 주방, 침실 3개로 나누고 각 공간마다
주조색을 정했다. 이렇게 하면 가구나 소품 선택이 쉬워진다.

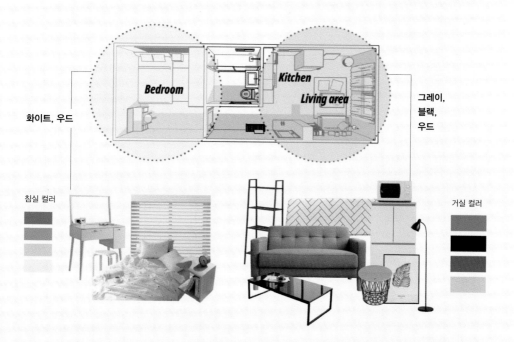

화이트, 우드

그레이,
블랙,
우드

침실 컬러

거실 컬러

공간별 특성 살리기 1: 우리 집의 메인, 모던 스타일 거실

현관문을 열면 우측으로 보이는 거실이다. 집에서 가장 자주 가장 오래 머무는 공간인 만큼 편안하게 휴식을 취할 수 있는 공간으로 꾸며보았다. 블랙과 그레이를 집중적으로 사용해 공간을 살짝 어둡게 연출하고, 간접 조명과 시폰 커튼으로 포인트를 주어 모던한 분위기를 냈다. 흔히 '인테리어는 화이트'라는 공식이 많이 알려져 있는데, 블랙 컬러도 화이트 못지않은 모던 인테리어의 정석이다.

소파는 그레이 컬러의 패브릭으로 선택했다. 패브릭 소파는 가격 면에서 부담이 적어 1인 가구나 젊은 층에게 인기가 많은 편이다. 무게도 가벼워서 혼자서도 이리저리 옮겨가며 다양한 배치를 시도할 수 있다는 장점도 있다.

소파 옆에는 플로어스탠드를 배치했는데, 조명 갓의 각도를 벽 쪽을 비춰 간접 조명 효과를 냈다. 모던한 스타일은 조명의 역할이 더 중요해진다. 조명 없이 블랙 컬러로만 인테리어를 하면 딱딱한 느낌이 들기 쉬운데, 조명이 추가되면 공간이 부드러워지고 분위기도 훨씬 깊어진다.

소파 오른쪽에는 책이나 여러 소품을 수납할 수 있는 사다리 선반을 배치했다. 그리고 집주인의 허락을 구해 벽 선반도 설치했다. 벽 선반은 못질 없이 설치가 불가능하므로 사전에 반드시 집주인의 동의를 받고 진행하는 게 좋다. 선반 위에는 블랙 컬러로 통일된 소품을 활용해 올려두고, 벽면에 작은 스티커를 붙여 도시의 밤하늘 컨셉트로 꾸몄다.

창가의 시폰 커튼은 조명과 함께 블랙 컬러의 시크함을 조금 덜어내는 역할을 한다. 러그와 커튼, 조명을 뺀다면 이 공간은 굉장히 삭막해

모두 새로 구입한 물건들로 꾸민 거실이다. 소파와 빔프로젝터로 거실의 기능을 살리고, 블랙
컬러의 소품과 조명들로 모던한 분위기를 연출했다.

진다. 반대로 생각하면 이들만 잘 활용한다면 분위기를 확 다르게 연출할 수 있다.

소파 반대쪽 공간은 빔프로젝터를 쏠 수 있도록 빈 벽을 그대로 남겨뒀다. 빔프로젝터를 사용하지 않을 때의 허전함을 채워줄 접이식 액자 테이블을 벽에 살포시 세워 뒀다. 가장 안쪽 모서리에는 철재로 된 수납 바구니에 코튼볼 조명을 담아 공간을 밝혔다. 소파 협탁처럼 활용해도 좋지만 수납하는 물건에 따라 다양하게 연출할 수 있다.

공간별 특성 살리기 2: 손쉽게 끝내는 주방 시공

주방은 기존에 기름 때로 얼룩진 타일이 가장 문제였는데, 다른 곳은 안 바뀌도 이 타일만은 꼭 바꾸고 싶다는 방 주인의 바람이 있었다. 하지만 주방 타일 시공은 생각보다 일이 크다. 기존 타일 제거 없이 덧방 시공처럼 기존 타일 위에 덧대 시공하는 방법도 있지만 전문 시공업자의 품삯이 만만치 않다.

비용을 줄이기 위해 셀프로 할 수 있는 타일시트지를 활용하고, 상하부장도 인테리어 필름지로 감싸는 방법을 선택했다.

시트지와 필름지 시공으로 화이트 바탕을 만들어 준 뒤 주방 소품들은 우드 느낌이 나는 재질로 모두 통일했다. 주방 인테리어에서는 사용하는 조리도구의 색상과 재질을 통일하는 것도 중요하다.

타일시트지는 칼과 자, 그리고 가위만 있으면 누구나 할 수 있다. 스티커 타입으로 휴대폰 액정필름 붙이듯 보호 용지를 떼어내고 쓱 붙이면 된다. 순차적으로 주방 타일 공간을 일정하게 채워주면 완성이다. 모던하고 깔끔한 주방 분위기를 연출하고 싶어서 패턴이 큰 빅브릭 모노 화이트 디자인을 선택했다.

타일시트지 자체에 광택이 있어 사진으로만 봤을 때 실제 타일과 꽤 흡사하다. 화이트 배경에 주황빛을 더하니 거실의 블랙 컬러와 대비 효과가 두드러진다. 여기에 주방 소품들 일부를 블랙으로 된 제품을 비치해서 거실의 분위기와도 일맥상통하도록 연결고리를 추가했다. 타일시트지나 인테리어 필름지는 셀프로 충분히 시공할 수 있는 부분이라 주방 인테리어를 바꾸고 싶을 때 꼭 한 번 도전해보기를 권한다.

공간별 특성 살리기 3: 침실, 간접 조명으로 안정감을 더하다

침대는 기존 것을 그대로 활용하고, 새로 구입하는 화장대와 옷장, 협탁은 침대 프레임 컬러에 맞게 우드와 화이트로 통일했다.

원룸에서는 잦은 이사나 비용 때문에 행거를 선택하곤 하는데, 장기적인 옷 관리를 위해서는 옷장이 더 좋은 건 사실이다. 먼지 쌓이는 것을 방지하고, 습도나 햇빛 등 옷 수명을 단축하는 요소들을 차단해주기에 이번에는 옷장을 선택했다.

매트리스 가장자리를 따라 건전지형 알전구를 둘러줬는데, 별다른 조명기구 추가 없이 간접 조명 역할을 톡톡히 해낸다.

자기 전 책을 읽거나 다이어리를 쓰는 방 주인의 생활패턴을 고려해 침대 옆에는 작은 협탁을 배치했다. 협탁에는 인테리어 소품과 무드등

tip
협탁은 잠들기 전
독서나 필기 등 활동에
활용하기 좋다.

tip
매트리스 가장자리의
알전구는 간접 조명
역할을 한다.

을 두었는데, 무드등은 스위치처럼 생긴 디자인이라 조명을 켜고 끄는 재미가 있다. 또 충전식으로 선 없이 활용 가능하니 침대 위에 올려 독서등처럼 활용하기도 좋다.

마음이 편안해지는 공간

우리는 집에서 수많은 활동을 하지만 결국 집의 가장 중요한 용도는 '쉼'이다. 현관문을 열었을 때 긴장이 풀리고 소파에 앉거나 침대에 눕기만 해도 밖에서 받은 스트레스가 스르르 풀리니까. 사실 지금까지 사진과 글로 다 표현하지 못한 것이 있다. 그것은 바로 향과 소리다. 촬영 당시 빔프로젝터를 통해 잔잔한 음악이 나오고 있었고, 거실에 비치된 디퓨저에서 나온 은은한 향이 공간을 가득 채우고 있었다. 인테리어는 보이는 것이 다가 아니다. 향과 소리가 만드는 분위기도 인테리어에 포함된다. 당장 예산이 부족하다면 보이는 것 이외에 향을 채우는 것도 방법이다. 좋아하는 향으로 가득 찬 공간에 있는 것만으로 충분히 만족감을 느낄 수 있다.

작업실과 침실을 분리했어요
10평대 투룸

프리랜서로 일하면서 가장 좋으면서도 나쁜 점은 바로 출퇴근이 없다는 거예요. 바쁠 때는 평일, 주말 구분 없이 주야장천 일만 하거든요. 나름 투룸을 구해 일하는 곳과 잠자는 곳을 분리해봤지만 소용없었어요. 작업실이라고 해봤자 책상과 모니터, 의자가 전부예요. 물론 처음에는 작업 효율을 쭉쭉 올려주는 그런 공간을 계획했었어요. 일하다가 쉴 수 있는 휴식 공간도 있는 그런 장소 말이에요. 그러나 늘 일하기 바쁘다 보니 계획을 실행에 옮기지 못하고 있어요.

프리랜서의 시대가 온다는 어느 책 제목처럼 점점 프리랜서의 삶을 선택하는 이들이 많아지고 있다. 이 방 주인 또한 본업과 병행하여 프리랜서로 활동하고 있었는데, 막상 집에서 일하기란 쉬운 일이 아님을 누구보다 잘 알고 있었다. 바로 엎어지면 코 닿을 거리에 폭신한 침대가 있으니 그 유혹을 뿌리치기가 쉽지 않다. 그래서 큰 맘먹고 공간이 확실하게 분리되어 있는 투룸을 구해 공간 분리의 로망 실현을 눈앞에 두고 있다.

거실이나 침실과는 달리 작업실은 개인의 작업 성향이 반영되는 공간이라 정해진 공식이 없다. 어떤 이는 바닥에 앉아서 작업하는 게 편하고, 또 어떤 이는 서서 일하는 게 맞을 수도 있다. 주변이 산만하면 집중이 안 되는 사람도 있고, 째깍째깍 돌아가는 시계 소리조차 소음으로 민감하게 받아들이는 사람도 있는가 하면, TV나 라디오 소리·카페의 잡담 소리 같이 백그라운드 소음 없이는 집중이 안된다는 사람도 있다. 정답이 없으니 본인에게 맞는 작업실을 만들면 된다. 공간별 특성을 살려 침실은 수면의 질을 높이고, 작업실은 업무 효율을 높이는 건 기본이다.

공간 용도 정하고 계획 세우기

이 집은 주방과 거실을 기점으로 방 2개가 있는 10평대 투룸이다. 집에서 작업하는 시간이 많기 때문에 방 하나는 작업실로, 나머지 방은 침실로 사용하고 있었다. 모든 공간에 딱 기본 물건만 있는 상태라 침대, 소파, 침구, 조명 등 대부분을 새로 구입했다.

전체적인 집 구조로 봤을 때 큰 창이 있어 해가 잘 들어오고 화장실과 가까운 점 등을 고려해 큰 방을 작업실로 사용하기로 결정했다. 작업실은 정사각형 모양으로 상당히 널찍했다. 창가 쪽에 휴식 공간을 마련하고, 일 하는 작업 책상은 문 쪽 벽에 붙여 일에만 집중할 수 있는 환경을 만들었다. 방 주인은 모니터를 보면서 작업을 하는 편이라 어쩔 수 없이 창가를 등지고 앉는 배치를 선택했다. 침실은 딱 수면에만 집중할 수 있게 침대 이외의 것은 최소화했다.

가상 배치도

원룸이 아닌 투룸 이상에서는 각 공간을 대표하는 가구를 우선적으로 생각
해 배치한다. 공간의 주인공이 될 제품을 확실하게 정해 배치의 우선권을 주
는 것이다. 그리고 나면 소품 차례다. 소품은 처음부터 한 번에 구매하기보
다 큰 가구들을 받아본 후 하나씩 추가해볼 것을 추천한다.

plan

큰 창이 있어 해가 잘 들어오는 곳인 점, 화장실과 가까운 점
등을 고려해 침실로 쓰던 큰 방을 작업실로 사용하기로 했
다. 자연스레 작업실로 쓰던 작은 방은 침실로 바뀌게 됐다.

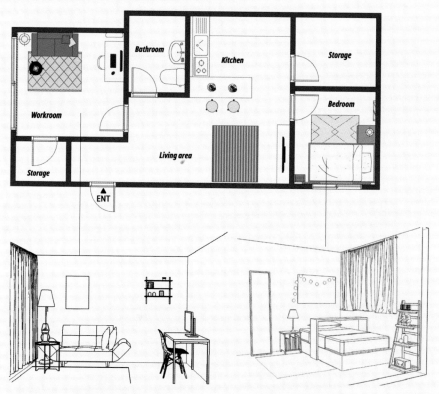

작업실 공간 작업실은 창가 쪽에 휴식 공간을 마
련하고, 일 하는 작업 책상은 문 쪽 벽에 붙여 일에
만 집중할 수 있도록 계획했다.

침실 공간 수면의 질을 높이기 위해 침대 이외
의 것은 최소화했다.

작업실 꾸미기: 일에 집중할 수 있는 작업 공간으로

달랑 책상과 의자만 있던 휑한 공간이 아늑하게 변신했다. 기존에 있던 책상과 의자 모두 교체하고, 소파를 새로 구입해 배치했다. 책상은 기존 책상보다 넓고 깊은 것으로 구매해 일의 편의성을 높였다. 일에 집중할 수 있도록 책상 위 다른 인테리어 소품은 배제하고 벽면 또한 아무것도 없는 상태 그대로 유지했다. 전체적인 컬러는 화이트와 그레이를 사용했다. 단조로울 수 있지만 최대한 단순하게 스타일링하는 것이 일의 생산성 측면에서 도움이 된다.

소파 쪽 벽면에는 벽 선반을 달아 조명과 소품들로 장식했다. 책상 주변을 벗어난 공간은 조명을 더해 따뜻하고 아늑한 분위기를 연출했다. 일에서 벗어나 휴식을 취할 때 조금이라도 더 편안한 분위기에서 푹 쉴 수 있도록 노란 전구색 불빛을 적극 활용했다. 창가 쪽에는 소파를 배치해 휴식 공간을 마련했다. 소파는 양쪽 팔걸이와 등받이를 젖혀 침대처럼 사용할 수 있는 제품이다. 침대만큼 편안하지는 않지만 잠깐 눈을 붙이는 용도로는 손색이 없다.

사실 이 작업실에서 가장 큰 공사는 방등 교체였다. 기존 방등은 겉 유리 커버가 오래돼서 그런지 형광등을 새 것으로 교체해도 방이 어두웠다. 그래서 방등 전체를 LED 제품으로 교체해 일하기 충분한 조도를 확보해야만 했다. 큰 공사였지만 환한 조명 덕분에 방 내부가 훨씬 밝고 선명해졌다.

tip
아기자기한
오브제들로 꾸민
벽 선반은 인테리어
포인트가 된다.

tip
넓은 책상을 구매해
작업 효율을 높였다.

tip
작업용 의자는
디자인과 편의성
모두 고려해야 한다.

tip
러그로 짙은 고동색
바닥을 가릴 수 있다.

침실 꾸미기: 집순이에게 최고의 침실을

이전에는 이불과 행거만 있었는데 새로 구입한 가구들로 제법 침실다운 모습을 갖추게 되었다. 이제 침실은 방 주인의 최애 공간이 됐다. 작업실에서는 일에 집중할 수 있는 환경이 우선이었다면 침실은 온전히 숙면에만 집중했다. 빛을 차단하는 암막 커튼은 숙면을 위해 빠질 수 없는 아이템이다.

또한 침대에서 모든 활동을 하는 집순이들에게 베드테이블은 필수다. 바퀴로 몸에 가까이 붙여 사용할 수 있고, 침대 프레임 가장자리에 배치해 작은 물건을 올려두는 용도로 사용하기에도 좋다.

허전한 벽에는 패브릭 포스터와 조명을 달아 포근한 분위기를 연출했다. 무게가 가벼워서 꼭꼬핀 2개로 거뜬히 지탱할 수 있다. 계절에 따라 다른 패브릭 포스터로 교체해주기만 해도 쉽게 인테리어 분위기를 바꿀 수 있다. 침대 옆에는 협탁을 배치했는데, 내부 칸막이가 있어 책을 분류해 보관할 수 있다. 길이가 긴 잡지책도 들어가는 사이즈다. 협탁 위에는 인테리어 액자와 테이블스탠드를 올려 장식했다. 작은 액자에 입체처럼 튀어나온 건 천연 식물인 이끼인데, 향이 좋은 아로마 오일을 살짝 뿌려주면 은은하게 발향되어 디퓨저 역할도 해준다. 침대 머리맡 반대쪽에는 사다리 선반을 두고 시계와 인형을 올려뒀다. 맨 아래 칸에는 무게가 있는 스피커를 올려 벽면에 기대 둔 사다리가 움직이지 않도록 고정했다.

tip
수면 시간이
일정하지 않다면
암막 커튼은
필수다.

tip
코튼볼 조명과 패브릭
포스터는 함께 사용했을 때
시너지 효과가 난다.

tip
바퀴 달린
베드 테이블은
침대에서의 활동을
더 편리하게 해준다.

남은 집 꾸미기는 현재 진행형

비로소 집에서 일과 휴식이 확실하게 분리된 느낌이라는 방 주인. 공간에 있는 가구 및 소품, 스타일 등이 모두 다르니 딱 구분이 되어 좋다고 한다. 달라진 공간으로 프리랜서 라이프가 조금이나마 윤택해졌기를 바란다.

사실 이 집은 거실과 주방 공간은 제외하고 작업실과 침실만 인테리어 작업을 진행했다. 나머지 공간은 방 주인이 직접 홈시어터와 빔프로젝터 등으로 채울 계획이라고 한다. 재택근무를 할 수 있는 작업실 꾸미기는 완성됐고, 다음 목표는 친구들을 초대해 다 같이 즐길 수 있는 파티룸 같은 공간이란다. 집에서 모든 생활을 할 수 있다는 꿈을 지닌 그녀는 역시 최고의 집순이다.

알전구는 건전지형으로 광범위하게 사용할 수 있다.

그림 같은 전망을 살렸어요
10평대 투룸

반지하에서 시작한 자취 생활, 7년째 1층 이상에서 살아본 적이 없어요. 무조건 햇빛 잘 들고 뷰 좋은 집으로 이사 가야지 항상 다짐했었는데, 이 집을 보자마자 한눈에 반해 버렸어요. 이번에 드디어 4층으로 수직 상승은 물론 전망까지 끝내주는 집을 구했거든요. 서울 시내가 한눈에 내려다보이는 거실 뷰가 정말 환상적이에요. 이제 이 풍경을 감상할 수 있는 자리만 꾸미면 돼요. 식사도 하고 간단한 작업도 할 수 있게 4인용 테이블과 의자를 뒀는데, 집보단 사무실에 가까운 느낌이 드는 건 왜일까요?

드라마나 영화를 보면 서울 시내가 한눈에 들어오는 장면이 자주 나온다. 실내 장면은 하나도 없이 창 밖으로 보이는 풍경만을 강조하는 고층 아파트 광고도 심심치 않게 등장한다. 그만큼 소비자들에게는 조망 대한 로망이 있다는 것 아닐까. 전망 좋은 명소를 찾아가기도 하고,

입장료를 기꺼이 지불하고서라도 초고층 빌딩 전망대를 올라가니 말이다. 그런 전망대에 한 자리를 차지하고 앉아 높은 빌딩들과 낮은 주택들이 옹기종기 모여 있는 모습을 구경하면 은근 재미가 쏠쏠하다. 멀리 갈 것 없이 집에서도 이런 구경을 매일 공짜로 할 수 있다면 싫어할 이가 누가 있을까.

이 공간은 누구나 반할 만한 멋진 풍경을 갖고 있는 특별한 투룸이다. 동네가 전반적으로 지대가 높은 곳에 위치한 데다가 이 집은 그중에서도 꼭대기에 자리 잡고 있어 지리적 특성이 풍경에 고스란히 반영됐다. 그런데 연속된 벽 두 면이 모두 창으로 되어 있어서 가구 배치 난이도는 꽤 높은 편이다. 하지만 이 풍경을 두고 가만히 있을 수는 없다. 호텔 루프탑 부럽지 않은 공간 구상이 시작됐다.

거실 뷰 200% 활용 계획 세우기

처음 이 집을 방문했을 때 서울 전체가 발아래에 있는 것만 같았다. 낮에는 햇살이 눈부시고, 밤에는 집집마다 켜진 조명이 빛나는 이 그림 같은 전망을 200% 누릴 수 있는 공간을 만들어야겠다는 생각이 절로 들었다. 기본적으로 웬만한 큰 가구는 다 구비되어 있었고, 소소한 소품들도 꽤 있는 상태였다. 갖고 있는 가구와 소품을 버리지 않고 최대한 활용할 수 있는 방법을 고려했다. 집의 하이라이트 공간인 거실에 있던 기존 가구는 다른 공간에 사용하기로 하고 여기에는 안락한 소파와 원형 테이블을 두어 카페 혹은 호텔 라운지와 같은 공간을 계획했다.

집 전체 몰딩이 진한 갈색이라 방 주인은 화이트로 교체하고 싶어 했지만 몰딩에 울퉁불퉁한 부분이 있어서 시공이 힘들어 보였다. 예산을 초과할 우려도 있어 몰딩은 그대로 두고, 전체적인 톤을 몰딩에 맞춰 진한 갈색 베이스에 파스텔 톤으로 포인트 주는 방향을 계획했다. 몰딩이나 창문, 빌트인 가구의 색을 바꿀 수 없을 때는 패브릭으로 가려주거나 다른 가구들을 그 색에 맞추면 조화롭게 스타일링할 수 있다.

가상 배치도

배치에서 고려해야 할 부분 중 하나는 창의 위치다. 최대한 창을
가리지 않게 가구를 배치하고, 창문 밖 풍경이 뛰어나다면 이를
맘껏 감상할 수 있는 휴식 공간을 만드는 것도 좋다.

plan

현관으로 들어오면 거실과 함께 창 밖 풍경이 바로 보
이는 구조로 거실에서 보이는 환상적인 조망을 200%
살리는 거실 배치를 중심으로 계획했다. 원형 테이블
과 소파, 의자를 거실 창가를 중심으로 배치해 어디
에 앉아도 조망이 가능하도록 배치를 구상했다.

카페처럼 차 한잔 마시기
좋은 낮 조망

술 한잔 기울이면 풍경을
감상하기 좋은 밤 조망

tip
플로어스탠드는
공간을 우아하게
만들어 준다.

tip
원형 테이블의 특성상 다양한
각도로 전망 감상이 가능하다.

tip
안락한 1인용 소파는 풍경
감상에 적합하다.

거실 뷰 살리기: 호텔 루프탑 라운지 같은 거실

현관으로 들어오면 거실과 함께 창 밖 풍경이 바로 보이는 구조다. 기존 테이블과 의자는 드레스룸, 침실에 활용하고 새로 구입한 원형 테이블과 소파, 의자를 거실 창가를 중심으로 배치했다.

기존에 사용하던 직사각형 테이블은 창을 등지고 앉는 사람은 풍경을 감상할 수 없었다. 그래서 최대한 여러 방향에서 풍경을 감상할 수 있는 방법을 고민했는데, 원형 테이블을 활용하는 방식을 제안했다. 여러 명이 둘러앉을 수 있는 원형 테이블은 직사각형 테이블보다 다양한 각도로 풍경을 감상할 수 있으며 더 카페 같은 느낌이 든다.

원형 테이블과 함께 서로 다른 디자인의 소파와 의자를 믹스매치 했다. 편하게 앉아서 멋진 풍경을 맘껏 감상할 수 있는 안락한 1인 소파, 눈에 띄는 컬러의 의자와 스툴, 모두 다르지만 조화롭게 어울린다. 똑같은 소파로 채운다면 단조롭고 공간이 더 좁아 보일 위험이 크다. 큰 소파 하나와 작은 의자나 스툴을 활용하는 편이 공간 활용 면에서도 유리하다.

밋밋한 바닥에는 에스닉한 패턴의 러그를 깔았다. 창문에는 실크 커튼을 달아 호텔 라운지 분위기를 냈다. 차분한 컬러의 패브릭으로 기본 몰딩과 바닥을 가려주면 전체적인 가구와 어우러지면서 눈에 확 띄어서 보기 싫던 몰딩의 존재감이 약해진다. 자세히 보면 소파 다리나 테이블 위 트레이처럼 시야에 들어오는 물건들에 같은 컬러가 섞여 있어서 훨씬 자연스러운 느낌이 든다.

해가 지고 밤이 되면 낮과는 완전히 다른 분위기가 된다. 설레는 야경과 빛나는 플로어스탠드는 공간의 분위기를 더욱 무르익게 만들어 준다. 낮에는 카페처럼 차 한 잔 마시기 좋고, 밤에는 술 한 잔 기울이며 풍경을 감상하기 좋다.

나중에는 빔을 구매해서 영화 볼 수 있는 공간으로 활용하고 싶다는 방 주인의 요청이 있었다. 그때는 액자가 걸린 벽을 바라볼 수 있게 소파를 옮기면 된다. 1인용 소파는 큰 소파에 비해 이동성이 좋아서 이리저리 옮겨가며 다양한 배치를 시도할 수 있다는 장점이 있다. 비교적 잦은 이사를 다녀야 하는 1인 가구 특성상 이사할 때 옮기기 쉽고, 어느 공간에서도 다양하게 활용할 수 있는 제품을 구입하는 것이 좋다.

남은 공간 살리기: 독특한 구조를 활용한 인테리어

거실 창문 반대편에는 드레스룸이 있는데, 특이하게 방과 거실 사이에 창문틀이 있는 형태였다. 그런데 바로 위 에어컨이 애매한 위치에 설치 되어 있고, 전선도 주렁주렁 매달려서 보기에 상당히 지저분한 상태였다. 그래도 창문으로 뚫린 공간이 방과 거실을 연결해주고, 심심한 벽을 액자처럼 채워주고 있어 인테리어 포인트로 살리는 방향을 생각했다.

우선 창문에 길이가 짧은 바란

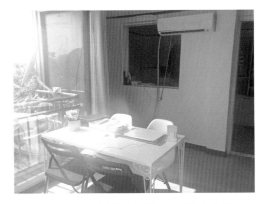

before 거실에는 직사각형 테이블을 두고 생활 중이었다.

스 커튼을 달아 전선과 튀어나온 부분을 가렸다. 이렇게만 해도 훨씬 정돈되어 보인다. 방 주인이 독서를 좋아해서 책이 많았는데, 기존 드레스룸에 있는 책장이 이미 꽉 차서 포화 상태였다. 그래서 거실 방향으로 난 창문 아래에 낮은 책장을 두고, 책과 다양한 소품들로 스타일링했다. 몰딩 컬러와 어울리는 진한 갈색으로 된 책장으로 기존 골드 색상 소품에 맞게 스탠드랑 추가 소품들을 구매했다. 소품을 고를 때는 서로 같은 재질로 된 제품을 선택하면 실패 확률을 줄일 수 있다.

남은 공간 살리기: 평범한 드레스룸에는 포인트를

드레스룸에는 시스템 행거가 있었는데, 이미 정리가 잘 된 상태라 건드릴 필요가 없었다. 옷 수납 부분은 그대로 유지하고 사선으로 꺾인 벽면 배치를 바꿔봤다. 화장대로 활용하고 있던 수납장은 수납공간이 부족한 주방으로 옮기고, 침실에서 사용하던 작은 책상을 드레스룸으로 옮겨와 화장대처럼 활용했다. 입구 쪽에 있던 전신 거울도 효율적인 동선에 맞게 화장대 오른쪽으로 옮겨줬다.

드레스룸에는 하얀색 가구밖에 없어서 화장대로 포인트를 주고 싶었다. 디자인이 독특한 원형 거울을 구입해 화장대로 용도를 바꾼 책상 위에 걸어줬는데 거울 하나로 공간의 분위기가 확 달라졌다.

침실 뷰 살리기: 남산타워 아래에서 잠들다

침실용으로는 새로 구매한 가구나 소품이 전혀 없다. 구조만 조금 바꾸고, 다른 공간에 있는 가구를 옮겨 오는 등 기존 제품만으로 활용도를 두 배로 높였다. 독서가 취미인 방 주인은 잠들기 전 꼭 책을 읽는데 책장이 드레스룸에 있어서 매번 왔다갔다 하기에 불편함이 있었다. 그래서 거실에 있던 테이블과 드레스룸에 있던 책장

시스템 행거를 활용하면 효율적인 수납이 가능하다. 독특한 디자인의 원형 거울은 하나의 미술작품처럼 보이기도 한다.

침대는 창가에 붙이고 반대편 벽에 책상과 책장을 배치했다. 남산타워를 조망할 수 있는
최적의 배치다.

을 침실로 옮겨 활용하는 방안을 시도했다.

침대 방향을 바꾸고 다른 공간에서 더 이상 필요하지 않은 가구들로 새롭게 배치해본 모습이다. 가구 배치가 어려울 때는 일단 큰 가구들부터 벽으로 붙여보면 된다. 중간에 동그란 공간을 만든다고 생각하고 돌려가며 배치하면 최적의 가구 배치를 찾을 수 있다.

침실 창으로는 남산타워가 보인다. 그래서 침실을 잠만 자는 공간으로 이용하는 게 너무 아까웠는데, 바뀐 배치 덕분에 침대에 앉아 남산타워를 구경할 수 있게 되었다. 기존의 우드 블라인드가 답답하고 어두운 느낌이라 떼어내고 거실에 달려 있던 커튼을 침실로 옮겨 달았다. 오히려 거실에선 길이가 안 맞았던 커튼이 침실 창문에는 딱 맞았다. 색상도 거실보다 침실에 더 잘 어울렸다. 밤이 되면 침실 창문으로 멋진 야경을 감상할 수 있다.

평범한 일상이 특별해지는 순간

소파에 앉아 거실 창으로 들어오는 햇볕 쬐며 하늘 보기, 스탠드 조명 아래 맥주 한 캔 들고 TV 보기, 방 주인의 근황이다. 그동안 반지하에서 꿈꿔왔던 그림 같은 풍경과 함께하는 삶이다. 거실뿐만 아니라 침실, 드레스룸 역시 활용도가 높아졌다고 한다. 배치만 바꾼 침실에서는 수면의 질이 달라졌고, 드레스룸에 있는 화장대는 괜히 거울을 볼 때마다 기분이 좋아진단다.

평범한 공간, 평범한 일상이지만 달라진 건 내가 좋아하는 공간이 되었다는 점이다. 카페보다 집이 좋아졌으니 집에만 있을 수밖에! 내가 좋아하는 것, 내가 좋아하는 색들로 채워 비로소 '진짜 내 집'이 된 것이다. 좋은 공간에서는 좋은 기운이 나온다. 그 기운을 받아 행복한 나날을 이어나가길 바란다.

내게 꼭 맞는 매트리스 고르기

꿀 같은 잠을 위한 필수 가구, 매트리스에 대해 알아보자. 하루의 끝과 시작을 차지하는 잠자리인 만큼 수면의 질을 높이기 위해서는 나에게 맞는 매트리스부터 잘 골라야 한다. 매트리스 고르기 3단계로 꿀잠을 얻어보자.

01__나에게 맞는 사이즈와 두께 고르기

줄자로 나의 체형과 방 크기를 측정한 후, 생활공간과 수면에 맞는 매트리스의 사이즈와 두께를 고른다.

사이즈는 수면 중 조금씩 뒤척이거나 움직이기 때문에 정자세로 누웠을 때 양쪽으로 충분히 여유공간이 있는 정도가 좋다. 가로는 어깨 폭의 3배 정도, 길이는 신장보다 20cm 길면 적당하다.

매트리스 사이즈
S 싱글(100cm x 200cm)

어린이나 체구가 작은 성인에게 알맞은 크기. 하지만 성인의 경우 팔을 크게 벌리기엔 좁은 사이즈로 수면 중 불편할 수 있다.

SS 슈퍼싱글(110cm x 200cm)

싱글보다 여유로운 1인 사이즈. 정자세로 누웠을 때 양쪽의 여유가 있어 원룸, 휴게실 등 혼자 사는 사람들에게 가장 인기가 좋다.

Q 퀸(150cm x 200cm)

2인용 크기라 부부용 침대로 많이 선택하는 사이즈. 혼자라도 널찍하게 사용하고 싶다면 퀸 사이즈를 추천한다.

K 킹(160cm x 200cm)

아이와 함께 침대를 사용하는 가족, 반려동물과 같이 자는 커플이 사용할 수 있을 만큼 넉넉함을 자랑한다. 단, 확실히 큰 사이즈기 때문에 가구 배치와 방 평수를 고려하여 구매해야 한다.

매트리스 두께

매트리스의 두께는 5~40cm로 다양해 나의 취향과 환경에 맞게 골라 사용하는 것이 좋다.

15cm 미만

토퍼용 매트리스는 5cm, 아기와 함께 바닥에서 사용하거나 임산부의 경우 7.5cm의 두께가 적당하다. 8~12cm는 방바닥에서 단독으로 사용하기 좋은 두께면서 무겁지 않아 청소나 이동이 용이하다. 다만 체중이 80kg 이상인 사람에게는 바닥이 느껴질 수 있

S	SS	Q	K
100	110	150	160

200

어 적합하지 않다.

15cm 이상 ~ 20cm 미만

침대 프레임에는 15cm 이상의 매트리스를 함께 사용해야 앉거나 누워도 안정감을 느낄 수 있다. 또한 방바닥에서 단독으로 사용했을 때 이 정도의 높이면 체중이 80kg 이상의 사용자가 누워도 바닥에 배기는 느낌 없이 사용할 수 있다.

20cm 이상

매트리스는 두께가 두꺼워질수록 배김이 없으며, 과체중 또는 2인 이상이 사용해도 푹신한 쿠션감을 느낄 수 있다. 다만 높은 두께만큼 금액에 차이가 있다.

02__몸이 편안한 쿠션감 알아보기

흔들리지 않는 편안함을 위해서는 매트리스의 종류를 잘 골라야 한다. 비싼 가격의 매트리스도 내 몸이 편하지 않다면 좋은 매트리스라고 할 수 없기에, 종류별 특징과 기능을 비교하여 고르는 것이 가장 현명한 방법이다.

스프링 매트리스

침대를 가져본 사람이라면 한 번쯤은 누워 보았을 법한 가장 대중적인 매트리스. 라텍스와 메모리폼에 비하여 확실히 단단한 타입이라 누웠을 때 안정감이 있는 게 장점이다. 다만 스프링 매트리스의 가치는 스프링의 컨디션에 좌우되기 때문에 구매 전에 조사해야 한다. 크기가 작으면 작을수록, 감겨 있는 회전율이 높을수록, 개수가 많을수록 몸의 움직임과 무게에 더 정밀하게 반응한다.

라텍스 매트리스

고탄성 소재로 탱탱한 쿠션감이 특징이다. 천연 소재를 이용하여 만들었기 때문에 항균성과 통기성이 좋고 쾌적한 수면 환경을 만들어 주어 사계절 인기가 좋다. 다만 제품별로 함량이 각기 다르니 본인의 체형과 상황에 맞게 골라야 한다. 함량이 높을수록 밀도가 높아 높은 체중에 알맞다. 라텍스 원액 90% 이상의 천연 라텍스의 가격이 부담스럽다면 질 좋은 원료와 혼합하여 만든 라텍스 매트리스도 있다.

메모리폼 매트리스

고밀도에 저탄성 소재로 세 종류 중 가장 최근에 만들어진 재질의 매트리스다. 충격 완화와 흡수력이 좋아 뒤척임에도 거의 흔들림이 없다. 눕게 되면 압력점이 최소화되어 온몸이 잠기듯 포근하게 감싸주는 기분이 든다. 체온을 오랫동안 머금어 여름에는 다소 더울 수 있지만 쿨 패드나 토퍼와 함께 사용한다면 여름에도 괜찮다.

03__꼼꼼하게 디테일까지 Check

매트리스 구매 전 미리 체크해 두면 좋을 항목들이다.

Check list

☑ **라돈 검출 여부 확인하기**

몇 번을 강조해도 부족한 소재의 안전성, 구매하고 싶은 매트리스가 정해졌다면 가장 먼저 라돈(1급 발암물질)의 검출 여부와 검출량이 안전 수치 이하인지 아닌지를 확인해야 한다.
* 국내 안전권고 기준 4pCi/l = 148Bq/㎥

☑ **통기성이 좋은 매트리스인가**

공기 순환이 활발할수록 미생물질의 번식과 생성을 막아줄 수 있다. 통기성이 좋은 매트리스에서 자야 한 자세로 자도 쉽게 더워지지 않고, 습기와 땀이 효과적으로 배출된다.

☑ **매트리스의 수명 파악하기**

평균적인 수명은 스프링(5-6년) 라텍스(7년) 메모리폼(6-7년)으로, 이는 내장재 구성과 사용 환경에 따라 차이가 생길 수 있다. 매트리스의 수명을 더 오래 유지하고 싶다면 주기적으로 매트리스의 위치와 방향을 바꿔볼 것.

☑ **커버의 위생적인 관리가 가능한지**

수면 중에 흘리는 땀이 많은 사람은 생활 방수가 되는 속커버가 필수이며, 높은 방수 기능이 필요하다면 추가로 방수 커버를 구매하는 것이 좋다. 분리 세탁이 가능한 커버는 평소 위생적인 관리가 가능하다.

☑ **매트리스에 따뜻함이 필요하다면**

추위를 많이 타는 사람이라면 온열기구 사용이 가능한 매트리스인지 미리 확인해 볼 것. 만일 사용할 수 없다면 메모리폼과 같이 밀도가 높은 매트리스를 선택하는 것도 좋은 방법이다.

CHAPTER 2

죽은 공간을 살려내다

앞에서 원룸은 크게 개방형과 분리형 두 가지로 나눈다고 했는데, 분리형 원룸은 다시 단층과 복층으로 나눌 수 있다. 단층은 앞 장에서 알아본 투룸 형태가 대표적이고, 복층은 말 그대로 2개의 층으로 분리되어 있는 구조를 일컫는다. 원룸 생활자들은 흔히 복층에 대한 로망을 갖고 있는데, 막상 살아보면 단층보다 불편하다고들 한다. 그 이유가 2층을 달랑 매트리스만 놓고 지내거나 짐을 쌓아놓는 공간으로 방치하기 때문이다. 한때는 로망이었다가 현실은 죽어버린 공간이 된 복층을 살려내는 인테리어에 대해 알아보자.

버리고 비워 공간 가능성을 최대로 끌어내다
5평 복층

지름신처럼 주기적으로 나를 찾아오는 그분이 있어요. 그건 바로 '집 꾸미기 신'이에요. 독립 이후 매번 이사 철마다 그분이 다녀가시죠. 그 덕분에 이번에는 복층으로 이사하게 됐어요. 공간이 넓어진 만큼 집 꾸미기 열망도 더 커져만 가네요. 이참에 커튼도 바꾸고, 소파, 액자 등 인테리어 소품도 잔뜩 구매했는데 어라, 둘 곳이 없어요. 분명 이전 보다 큰 집으로 이사했는데 둘 곳이 없다니! 크고 작은 물건들이 이미 꽉 찬 상태라 새로 산 물건들이 들어갈 자리가 없어요. 생각지 못한 복병으로 집 꾸미기 로망이 다 식어버릴 참이에요.

물건을 잘 버리지 못하는 사람에게 정리란 고역이다. 이사를 계기로 묵혀둔 물건들을 들춰보고 나름 골라내 보지만 좀처럼 줄지 않는다. 혹시나 하는 마음에 보관한 짐은 이사 간 집에서도 역시나 박스 안 신세를 면치 못한다. 내 이야기 같다면 짐 정리만으로도 공간의 활용도

복층과 1층 구석구석 사용하지 않는 자잘한 짐들이
많이 있었다.

를 높일 수 있다. 짐 정리를 할 때는 단순하고 확고한 기준이 필요하다. 최근 1년 이내 사용했는지를 따져 물건을 1차 분류한다. 사용하지 않은 물건들은 모두 처분하면 된다. 2차로 1년 이내 사용한 물건들 중 사용 횟수가 10회가 안 되는 물건을 분류한다. 이 물건들은 후보군으로 3개월 동안 유예기간을 두고 보관한다. 3개월 이후에도 사용하지 않는다면 미련 없이 처분해야 한다.

정리의 끝 = 스타일링의 시작

대대적인 짐 정리 후 마지막까지 고민되는 물건들은 짐 보관 서비스를 이용하기로 했다. 물건과 물리적으로 떨어진 상태에 직면하면 정말 필요한 물건인지 더 객관적인 판단을 내릴 수 있다. 짐 보관 서비스는 중간에 일부 짐을 찾을 수 있으니 애매한 물건들은 한 번 집 밖으로 내보내 테스트해보는 것도 좋은 방법이다.

이 방 주인은 워낙 기존에 갖고 있는 짐이 많아 새로 사야 하거나 교체해야 할 품목이 딱히 없었다. 한 차례 비워낸 뒤 남은 가구나 소품은 그대로 유지하고, 패브릭과 조명만 추가로 구매해 톤을 일정하게 맞췄다. 그리고 실평수 약 5평 정도 좁은 공간을 최대한 효율적으로 사용할 수 있도록 배치를 바꿔주었다.

가상 배치도

기본적으로 사용하는 가구가 많은 경우에는 일부만 배치를 변경해도 공간 효율을 높일 수 있다. 기존 가구 중 사용성면에서 불편한 점이 있는지 살펴보고 하나씩 위치를 달리해보는 것도 좋은 방법이다.

plan

짐 정리 후 가구나 소품은 그대로 유지하고, 패브릭과 조명만 추가해 일정하게 톤을 맞출 계획에 들어갔다. 그리고 좁은 공간을 최대한 효율적으로 사용할 수 있도록 배치를 바꿔줄 계획이다.

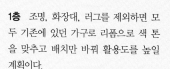

1층 조명, 화장대, 러그를 제외하면 모두 기존에 있던 가구로 리폼으로 색 톤을 맞추고 배치만 바꿔 활용도를 높일 계획이다.

복층 침실 공간으로 화이트 톤의 침구와 러그만 추가해서 화사하게 꾸미고 수납 기능을 늘릴 계획이다.

공간 살려내기 1: 맥시멀 공간의 가능성을 발견하다

물건을 비워내고 또 비워내 드디어 여백을 찾은 공간이다. 1층 공간에서는 조명과 러그, 화장대 이외는 모두 기존에 사용하던 제품이다. 창문 쪽 소파는 침대로 활용할 수 있는 멀티 가구다. 펼쳤을 때 길이가 일반 여성 키보다 넉넉한 사이즈라 누웠을 때 안정적이다. 방수 패브릭 재질이라 와인을 좋아하는 방 주인에게 맞춤이다.

소파 앞 접이식 테이블은 대리석 시트지로 리폼했다. 원래 화이트 오크 색상의 상판이었는데, 마음에 들지 않아 셀프 리폼하려고 방 주인이 준비물을 모두 사 둔 상태였다. 다른 짐들처럼 방치되어 한 구석에 보관하고 있었다고 한다. 이미 필요한 준비물은 모두 있었으니 시트지를 붙여 마무리만 했다. 갖고 있는 가구가 전체적인 인테리어와 톤이나 색상이 맞지 않을 때에는 셀프 리폼 제품을 활용할 것을 추천한다.

공간 살려내기 2: 물건의 제자리를 찾아주다

보일러 창고 문 옆 와인 셀러는 방 주인이 가장 아끼는 가전제품이다. 와인을 워낙 좋아해서 결혼할 때 들고 갈 생각으로 살짝 무리해서 과감하게 투자했다고 한다. 원래 위치는 붙박이장 앞이었는데, 붙박이장을 열고 닫을 때마다 불편했다. 그래서 기둥 옆으로 위치를 옮겼더니 기둥과 셀러의 폭이 거의 비슷해서 이제야 제자리를 찾은 것 같다. 덕분에 문으로 들어오는 직사광선도 피하게 됐다. 와인 셀러 위에는 작은 소품과 캔들 램프를 올려 장식했다. 보일러가 있는 창고 문에는 마그넷을 이용해 엽서를 몇 장 붙여 꾸며봤다. 마그넷 대신 마스킹 테이프를 활용하는 방법도 있다.

새로 구입한 화장대는 공간은 덜 차지하고 수납공간은 넉넉하며 거울 부분은 사용하지 않을 때 닫을 수 있어서 깔끔한 수납이 가능하다. 천장 조명을 교체하고 싶었으나 복층 특성상 어려움이 있어 플로어스탠드로 대신했다. 갓이 동그란 구 형태로 되어 있어 빛이 사방으로 퍼지는데, 어두운 밤에는 달처럼 방 곳곳을 밝혀 준다.

시트지는 셀프 리폼의 단짝이다. 스티커 형식으로 교체
를 원하는 부분에 착 붙이기만 하면 된다. 모서리나 굴
곡진 부분은 드라이기를 사용해 살살 늘려가며 붙이면
조금 더 수월하게 붙일 수 있고 마감도 깔끔해진다.

공간 살려내기 3: 산뜻하고 깔끔한 복층 침실을 갖게 되다

화이트 침구와 러그로 복층을 화사하게 꾸며보았다. 여기에 노란 조명을 함께 배치해 아늑함을 더했다. 머리맡에는 선반을 두고 테이블스탠드를 올려 자기 전 켜고 끄기 좋은 위치에 배치했다. 스탠드 옆 기둥에 걸린 액자는 방 주인이 소장하고 있던 것으로 역시나 방치된 제품 중 하나였다. 독특한 프린팅과 컬러가 복층 공간 포인트 인테리어로 제격이다. 옵션으로 있는 나무 선반 위는 일부 소품을 덜어내고 깔끔하게 정리했다. 침대 머리맡 반대편은 리빙박스를 두고 옷을 수납했다. 이전에는 옷이 담긴 패브릭 박스 5~6개가 줄줄이 놓여 있었는데, 그게 공간을 답답하게 만드는 데 한몫했다. 투명한 면으로 보이는 부분이 너저분하기도 해서 불투명한 플라스틱 리빙박스를 새로 구입해 내용물이 보이지 않게 수납했다.

복층 난간 쪽에는 그동안 방 주인이 버리기 아까워서 모아둔 와인병이 있었는데, 이를 인테리어 소품으로 활용해보았다. 와인병에 스트링 전구를 살짝 걸쳐주기만 해도 훌륭한 인테리어 소품으로 변신한다. 사소한 부분이지만 방 주인의 취향을 반영해 포인트를 줬다.

다 마신 와인 병에 드라이플라워를 꽂아 화병처럼 활용했다. 앵두전구의 앙증맞은 불빛이 분위기를 더 무르익게 만든다. 각기 다른 외형과 상표 덕분에 구경하는 재미도 있다.

그동안 몰라 본 공간의 가능성

방 주인은 새로운 이 공간이 낯설기까지 하다며 놀라움을 금치 못했다. 쉬는 날이면 밖에서 친구들을 만나고, 집은 늘 잠만 자는 곳이었는데 이제는 불금에도 약속을 마다하고 집에 빨리 들어가게 됐단다. 집이 바뀌기 전까지는 상상할 수도 없던 변화가 일어났다.

사실 이번 인테리어에 대단한 작업은 없었다. 정말 정리가 90% 이상이었다. 그런데 그 정리가 인테리어 효과를 냈다. 물론 모든 물건을 버리라는 말은 아니다. 오랜 시간 손길이 닿지 않은 물건들을 떠나보내고 남은 물건의 제자리를 찾아준 것이다. 그것만으로 공간은 변한다. 당신의 집 어딘가에도 아직 발견하지 못한 공간의 가능성이 숨겨져 있을지도 모른다.

최소한의 가구로 공간 활용을 극대화하다
10평대 복층

서른, 독립하기 딱 좋은 나이라는 생각이 들었어요. 인생 30년 만에 완벽한 독립을 시작했어요. 주말마다 출석 도장 찍듯 자주 놀러 다니던 동네 근처로 집을 구했어요. 늘 꿈에 그리던 높은 천장고에 대한 로망으로 무조건 복층으로 결정했어요. 거실 한 면이 바닥부터 천장까지 유리창인 것도 결정에 크게 작용했지요. 마음에 쏙 드는 꿈에 그리던 집을 구했지만 난생처음 인테리어를 해야겠다고 마음먹은 터라 전혀 감이 안 잡혀요. 복층은 창고로 전락한다는 말도 있던데, 큰 창은 로망일 뿐 쏟아지는 햇빛과 추위로 고생한다는 말도 있고…, 어떻게 해야 꿈에 그리던 집을 멋지게 꾸밀까요?

복층 인테리어는 같은 평수의 원룸과 비교했을 때 공간이 훨씬 넓어 보인다는 장점이 있다. 높은 천장 덕분에 복층에서 바라보는 1층 공간이 광활해 보이기 때문이다. 하지만 실제로 가구를 배치할 수 있는 공간은

before 신중하게 가구 구매를 하는 성향의 방 주인은 이사 후 시간이 꽤 지났음에도 적은 가구만 사용하고 있었다.

일반 원룸과 동일하다. 복층 공간은 천장이 낮은 경우가 대부분이라 활용할 수 있는 가구도 한정적이다. 냉난방비도 무시할 수 없다. 하지만 복층의 장점을 살려 충분히 즐긴다면 단점 따위는 가뿐히 무시할 정도로 만족스러운 생활을 얻을 수 있다.

미니멀 + 모던으로 공간 활용 극대화하기

방 주인은 미니멀한 스타일을 지향해서 최소한의 가구로만 공간 꾸미기를 바랐다. 복층의 개방감과 커다란 창문을 강조하기 위해 1층 중앙에는 아무런 물건을 두지 않고, 단순하게 양쪽 벽면을 활용하는 배치를 선택했다. 소파, 원목 책장, 침구에 예산의 50%를 투자했다. 특히 원목 책장의 경우 MDF나 합판이 아닌 진짜 원목으로 된 가구를 찾다 보니 자연스레 가격대가 있는 제품을 선택하게 됐다. 그리고 차분하고 모던한 분위기를 위해 그레이 톤을 메인 컬러로 잡았다.

퀸 사이즈 매트리스 토퍼를 구입했으니 복층에는 남는 공간이 많지 않았다. 토퍼를 배치한 후 남는 공간에 테이블스탠드와 러그를 같이 배치하고, 안쪽의 활용하기 힘든 공간에는 패브릭 리빙박스를 보관하는 방식을 고려했다.

가상 배치도

복층의 가구 배치는 투룸과 달리 의외로 제한적이다. 기본적으로 계단이 차지하는 면적이 있기 때문에 이를 제외한다면 사용할 수 있는 공간이 그리 많지 않다. 접이식 제품이나 다용도로 활용할 수 있는 멀티 가구를 이용해 공간 활용을 높이는 방법을 추천한다.

plan

방 주인의 취향에 따라 최소한의 가구로 공간을 꾸미기로 하고 주조색은 그레이 컬러로 정했다. 소파, 원목 책장, 침구 등만 구입해서 배치하는 미니멀 인테리어 스타일을 계획했다.

복층 복층 층고가 굉장히 낮은 편이라 매트리스 대신 낮은 토퍼를 활용하는 방법을 선택하고, 침구를 그레이와 차콜 컬러로 바꾸어 차분하면서도 아늑한 침실을 계획했다.

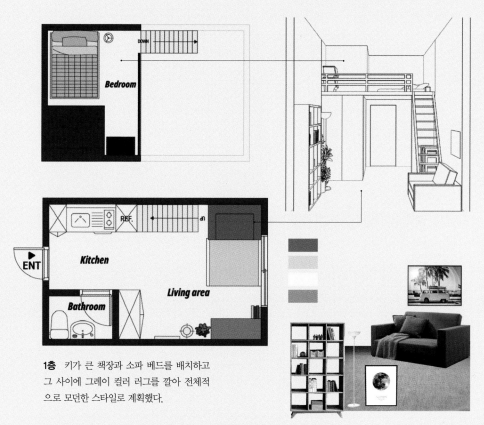

1층 키가 큰 책장과 소파 베드를 배치하고 그 사이에 그레이 컬러 러그를 깔아 전체적으로 모던한 스타일로 계획했다.

공간 활용 극대화하기 1: 큰 창과 높은 천장이 돋보이게

1층에는 꽤 키가 큰 책장과 소파 베드를 배치했다. 소파 베드와 책장 사이를 그레이 컬러 러그로 덮어 전체적으로 모던한 분위기를 조성했다. 높은 천장 덕분에 키 큰 책장이 전혀 답답해 보이지 않고 오히려 균형을 잡아 준다. 책장은 소나무과에 속하는 침엽 상록수인 가문비나무 소재로 된 제품이다. 가성비를 생각하자면 MDF나 합판으로 된 책장을 선택해도 되지만, 친환경적인 소재를 중요하게 생각하는 방 주인의 취향을 반영해 튼튼한 원목 책장을 골랐다. 광택 없이 투박하지만 나뭇결이 살아 있어 그 나름의 멋이 있다. 원목 제품들은 관리가 중요한데, 목재 가구 전용 오일을 표면에 발라주면 코팅 효과가 있어 오래 사용할 수 있다. 면적이 적은 작은 가구라면 포도씨유 같은 식용 오일을 활용해도 좋다.

비싼 가구는 돈 값을 한다. 가격이 싼 제품들은 이사하거나 몇 년 사용하면 쉽게 망가진다. 그걸 생각하면 원목 가구들은 10년은 거뜬히 버텨주니 제 값을 한다고 볼 수 있다.

책장 옆으로는 화분과 플로어스탠드, 액자 테이블을 두었다. 또 전신 거울을 붙박이장 쪽에 달아 외출 준비의 편의성을 높였다.

화분은 키가 큰 책장과 균형이 맞게 중간 높이의 마리안느를 선택했다. 마리안느는 추위에 약해서 최대한 창가에서 멀리 떨어진 곳에 배치했다. 원목 책장에 식물의 자연색이 더해져 더없이 잘 어울렸다.

소파 테이블을 따로 구매해 중앙 공간을 막는 것보다 접이식 테이블을 활용해 필요시에만 활용하는 방법을 선택했다.

원목 책장 맞은편에는 2인용 소파 베드를 배치했다. 간단한 조작만으로 2명이 잘 수 있는 침대로 변신한다. 가죽 재질로 된 소파로 일반 패

미니멀리즘은 무조건 버리고 불편하게 사는 게 아니다. 자신에게 꼭 필요한 물건들만 들이고, 그 물건의 쓰임새를 극대화시키는 데에 그 참뜻이 있다. 이런 측면에서 원목 책장과 가죽 소파는 값어치를 톡톡히 한다.

브릭 소파 베드보다 조금 더 가격대가 있다. 소파 베드는 좁은 공간에서 더 활용하기 좋다 보니 1인 가구에게 인기가 많다. 손님이 묵고 가는 경우가 종종 있어서 손님용 잠자리로 소파 베드가 필요했다. 실제 사용해보니 디자인이나 기능면에서 모두 만족하고, 손님들을 초대했을 때 아주 유용하게 사용하고 있다고 한다.

러그는 소파보다 살짝 밝은 그레이 컬러 제품을 선택했다. 여러 명이 와도 바닥에 털썩 주저앉아 이야기를 나눌 수 있도록 넉넉한 사이즈 러그를 깔았다. 소파 쪽 벽 선반은 기존에 설치되어 있었는데, 액자와 작은 화분, 인테리어 소품들을 올려 장식했다.

공간 활용 극대화하기 2: 자투리 공간을 활용해 수납하다

옵션으로 붙박이장이 있었지만 실제 갖고 있는 짐에 비하면 수납공간이 부족했다. 그래서 자투리 공간을 최대한 활용해 추가적인 수납공간을 확보했다.

가장 먼저 복층 안쪽 공간에는 사용하기 애매한 죽은 공간이 있었는데, 패브릭 리빙박스를 이용해 철 지난 옷을 차곡차곡 쌓아 보관했다. 복층으로 올라가는 계단 아래쪽 자투리 공간에도 딱 맞는 사이즈 수납함을 두어 깔끔하게 정리했다. 자투리 공간을 수납으로 최대한 활용하기 위해서는 이러한 수납용품의 도움을 좀 받아야 한다.

화장실 문에도 문걸이 선반을 사용해 휴지나 수건 등을 보관할 수 있게 별도 수납공간을 만들어줬다. 별도의 공간 차지나 복잡한 설치 과정 없이 자잘한 물건들을 수납하기에 정말 용이하다.

수납공간은 다다익선이다. 죽은 공간을 활용하는 기발한 수납 아이디어 상품들도 많다. 문걸이 선반 또한 그중 하나로 문에 걸어 주는 것만으로 상당한 수납공간이 확보된다.

공간 활용 극대화하기 3: 복층을 나만의 아지트로 꾸미다

이번 공간은 복층 층고가 굉장히 낮은 편에 속했다. 부피가 큰 매트리스보다 부담이 적은 토퍼를 구입해 활용하는 방법을 선택했다. 매트리스만큼은 아니지만 바닥에 얇은 이불을 겹쳐 사용하는 것보다는 훨씬 편하다.

침구도 형형색색이던 것들은 모두 처분하고, 그레이와 차콜을 번갈아 양면으로 사용할 수 있는 침구로 교체했다. 여기에 러그와 조명으로 다락방같이 아늑한 분위기를 더했다. 푹신한 침구와 따뜻한 조명 하나만으로 충분히 아늑한 공간을 만들 수 있다. 특히 알록달록한 패턴 침구는 인테리어에 있어 가장 멀리 해야 한다. 차분한 컬러의 단색을 선택한다면 무난하게 인테리어를 시작할 수 있다. 그리고 계절에 따라 침구를 교체해주면 점점 인테리어에 재미를 붙이게 될 것이다.

층고가 낮은 복층에는 작은 큐브 테이블스탠드를 배치했다.

자취 로망은 뜬구름 잡는 소리다?

복층에 살고 싶다고 말하면, "야 복층에 살아보면 그런 얘기 못할걸?" 이런 대답이 돌아온다. 하루에도 수십 번 오르내릴 수 있을 것만 같던 계단이 너무 귀찮아 그냥 옷을 던져 놓기, 복층 천장에 머리 부딪히기, 여름철 살인적인 냉방비, 겨울 한기가 스며드는 복층 등 일부러 겁을 주려고 작정한 것처럼 온갖 안 좋은 후기가 쏟아져 나온다.

하지만 그건 직접 겪어보지 않고서는 모르는 거다. 겪어보지 않았으니 로망이고, 자꾸 갈망하게 되는 것 같다. 그래서 나는 복층 로망을 꿈꾸는 모든 이들에게 일단 도전해보라고 말해주고 싶다. 자취 로망을 꿈꾸는 게 무슨 죄가 있다고! 직접 경험해보면 좋은 점도 있고 안 좋은 점도 있을 것이다. 좋은 것에 충분히 만족한다면 그것만으로도 의미 있는 로망이라고 생각한다.

독특한 구조의 복층을 드레스룸으로 살려내다
8평 복층

집이 작아졌어요. 정확히 말하자면 새로 이사 온 집이 이전에 살던 곳보다 작아요. 도저히 이전 살림을 다 가져올 순 없을 것 같아서, 이사하면서 당장 필요한 짐을 제외하곤 모두 버렸어요. 게다가 구조도 특이한 복층이라 더 공간 활용이 어려운 것 같아요. 급한 대로 원룸에서 쓰던 행거는 최대한 늘려서 창가에 겨우겨우 고정시켰어요. 근데 옷들이 햇빛을 모두 가리니 집이 어두컴컴해졌어요. 행거 높이에 한계가 있어서 다른 곳에 사용할 수도 없고, 진퇴양난에 빠졌어요.

원룸에서 복층으로 이사하는 경우 생각지도 못한 문제에 부딪힌다. 원룸과 복층의 가장 큰 차이점은 높은 천장이다. 그 의미는 원룸에서 가장 많이 사용하는 천장 고정식 행거는 복층에 쓸 수 없다. 옷 수납을 막중하게 책임지던 제품을 못 쓰게 되면서, 수납 고민이 시작된다. 사실 행거는 공간이 한정적인 옷장에 비해 공간에 맞게 확장해서 사용하

before
원룸에서 사용하던 천장 고정
식 행거는 복층에서 사용하기
에는 무용지물이었다.

는 제품이라 수납력이 좋다. 바뀐 집 형태에 맞는 수납 시스템을 찾아 해결해보자.

이 공간은 일반 복층과 또 다른 형태의 특이한 구조다. 건물 꼭대기층이라 천장이 사선으로 기울어져 있었고, 복층은 사선으로 기운 천장 때문에 유달리 좁고 죽은 공간이 많았다. 또 마루, 문틀, 걸레받이, 창문, 계단 등 기본 요소들이 모두 색이 달라 너무 산만한 느낌이었다.

공간의 특성에 맞는 용도 정하기

원래는 1층을 드레스룸으로 2층을 침실로 이용하고 있었는데, 서로 바꾸기로 결정했다. 햇빛에 직접적으로 노출되는 행거 위치는 최악이었고, 창가에 아슬아슬하게 기댄 모습 또한 언제 무너질지 모르는 상태였다. 햇빛을 가로막고 있는 옷들은 모두 위로 올리고, 복층에 키가 낮은 수납장과 수납형 행거를 여러 개 배치해 최대한 공간을 활용할 수 있도록 계획했다. 옷이 빠진 1층에는 침대와 화장대, 책장을 배치하고 패브릭을 활용해 전체적인 공간의 바탕색을 가리는 방향으로 진행했다.

큰 가구들을 새로 구매해야 하는 상황이라 예산을 넉넉하게 100만 원으로 잡았다.

가상 배치도

복층을 드레스룸으로 사용하는 경우는 드물기는 하나, 오히려 완벽한 수납이 가능하다. 1층의 높은 층고는 옷 수납에 있어 큰 장점이 되지 못하기 때문이다. 복층의 층고가 낮은 점을 고려한 수납 제품을 선택한다면 완벽한 드레스룸을 꾸밀 수 있다.

plan

드레스룸으로 사용하던 1층을 침실로, 드레스룸으로 사용하던 2층을 침실로 바꾸기로 하고 공간의 장점은 살리고 단점을 보완하는 계획에 들어갔다.

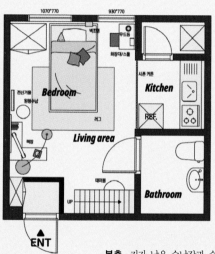

1층 옷이 빠진 자리에 침대와 화장대, 책장을 배치하고 패브릭을 활용해 전체적인 공간의 바탕색을 가리는 방향으로 계획했다.

복층 키가 낮은 수납장과 수납형 행거를 여러 개 배치해 최대한 공간을 활용할 수 있도록 계획했다.

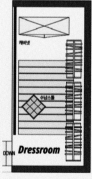

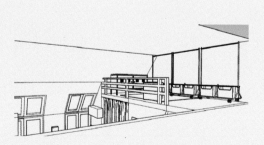

실제로는 110만 원 정도 비용이 발생했다. 예산의 60% 정도를 가구에 치중하고 수납용품과 패브릭에 나머지 예산을 투자했다. 기본 옵션 가구인 옷장과 어울리도록 새로 구입하는 가구들의 톤을 모두 화이트로 맞추고, 부드러운 파스텔 톤 컬러를 사용해 아늑하고 포근한 공간을 연출했다.

1층 용도 바꾸기: 침대 중심으로 모든 활동이 가능하게!

많은 면적을 차지하고 있던 옷들이 사라지고 나니 공간이 좀 생겼다. 새로 구입하는 가구 중 침대가 가장 큰 가구에 속한다. 현관에서 들어와서 바로 침대가 보이는 것은 조금 아쉽지만 어쩔 수 없는 상황이니 아예 침대를 공간의 중앙에 두어서 침대를 중심으로 생활할 수 있는 멀티 공간을 만들었다.

침대를 중심으로 양쪽에 기본 옷장과 화장대를 배치하고, 현관 쪽에 책장을 ㄱ자 형태로 배치해 현관과 침대 사이를 조금이나마 막아줬다. 큰 가구들은 모두 화이트 톤으로 계획했다. 화이트에도 여러 가지 종류가 있어서 구매 전에 꼼꼼히 살펴야 한다. 마루나 베이지색 벽지와 어울리게 화이트 가구 중에서도 원목 느낌이 나는 제품들을 골라 추천했다. 러그는 마루의 강한 색감을 가려줄 수 있도록 침대 중간부터 중첩되게 중앙에 위치를 잡아줬다. 여기에 색감 있는 패브릭으로 포인트를 줬다. 포근한 핑크, 따뜻한 청록색 컬러의 쿠션, 베드 러너, 스툴 등 파스텔 톤 제품들이 공간에 사랑스러운 분위기를 더해 준다.

화장대는 좁은 공간에 맞게 작은 사이즈의 제품을 선택했다. 화장대까지 배치하고 나니 침대 쪽 공간이 빈틈없이 꽉 찬 상태라 따로 스탠

보편적으로 덩치가 큰 침대는 공간
의 꼭짓점에 맞춰 배치하는 게 정석
이다. 하지만 구조가 특이한 공간에
서는 전형적인 틀을 깨는 시도가 더
알맞은 경우도 많다.

종이 블라인드는 가벼워서 경사진 면에 설치해도 처짐
이 적다. 창문 외에도 오픈형 책장에 붙여 가림막처럼
활용해도 좋다.

드 조명을 배치할 공간이 없었다. 그래서 바닥에 두지 않고 사용할 수
있는 벽등을 활용했다. 공간을 차지하지 않아서 좁은 공간에 활용하
기 좋으며, 힘들이지 않고 단시간에 설치할 수 있다.

사선 형태의 벽 때문에 커튼을 설치하기 어려운 공간이었는데, 종이 블
라인드를 활용해 해결했다. 종이 블라인드는 테이프로 고정해 사용하
는 제품이라 별도 장비 없이 설치할 수 있다. 또한 종이 재질로 되어 있
어 원하는 길이에 맞게 잘라 사용할 수 있다. 기본 사이즈로 주문 후
설치하는 창문 사이즈에 맞게 칼이나 가위로 재단하면 된다. 가운데
줄을 잡아당기면 부채꼴 형태로 말려 인테리어 효과도 있다.

1층 공간 분리하기: 커튼과 책장으로 똑똑하게

침대 오른쪽은 주방으로 이어진다. 좁은 공간 탓에 거리가 상당히 가

현관 바로 앞에 책장을 배치해 침대로 향하는 직선 경로를 의도적으로 막았다.

까워 침대에 누웠을 때 시야가 걸렸다. 자주 보이는 것들이 깔끔해야 정돈된 느낌이 들기 때문에 주방과 침실을 분리해 줄 커튼을 설치했다. 암막 커튼은 답답해 보일 수 있어 얇은 실크로 선택했다.

공간 분리가 필요한 곳이 하나 더 있었다. 현관에 들어오자마자 1층 공간이 바로 있는 구조라서 현관 쪽도 간접적으로나마 공간을 분리해 줄 아이디어가 필요했다. TV를 설치할 수 있는 위치도 제한적이라서 현관 쪽에 높이가 중간 정도 되는 책장을 두기로 했다. 책장은 2개로 나눠져 원하는 형태로 연출해 활용할 수 있는데, ㄱ자 형태로 두고 TV를 사선으로 배치했다. 조금 더 확실한 공간 분리를 원한다면 책장을 일(一)자 형태로 바꿔 짧은 복도를 만들어도 된다. 다만 빙 돌아서 옷장까지 가는 동선이 불편할 수도 있어 ㄱ자 형태를 최우선으로 추천했다.

옵션 옷장은 색깔이 튀는 편이라서 가장 안쪽으로 배치하고, 긴 옷과 여분의 이불들을 수납할 수 있도록 했다. 애물단지라고 생각했던 기본 옵션이 막상 정리하고 보니 꽤 쓸모가 있었다.

복층 용도 바꾸기: 독특한 구조를 활용한 드레스룸

복층은 달랑 이불 한 장 두고 침실로 활용 중이었는데, 사선으로 꺾인 벽 때문에 죽은 공간이 상당히 많았다. 최대한 멀쩡한 모든 벽에 수납형 행거를 배치하고, 사선 벽에는 키가 낮은 수납장을 깊숙이 배치하는 방향으로 진행했다.

복층 천장고가 1200㎜ 정도라서 여기에 딱 맞는 행거를 찾아 구매했다. 행거 하단에는 수납박스가 있어 티셔츠나 하의, 모자, 가방 등의 액세서리까지 정리할 수 있다. 가장 안쪽 사선으로 된 벽에는 낮은 수납장을 두고 청바지를 보관했다. 청바지가 엄청 많은 편이라서, 수납장 위쪽에도 보기 좋게 착착 정리해 올려뒀다. 아무래도 천장고가 낮다 보니 옷을 고를 때나 입을 때 허리가 불편할 것 같아 스툴을 같이 배치했다. 스툴 또한 내부에 수납할 수 있는 제품이라 추가적인 수납공간을 덤으로 얻었다.

수납도 인테리어의 일부다. 옷 개는 법을 달리하면 같은 공간이라도 더 많이 수납할 수 있을 뿐만 아니라 인테리어 효과도 연출할 수 있다.

끊임없는 선택의 연속, 답은 있다

삶은 선택의 연속이라는 얘기가 있다. 인테리어도 삶의 일부이니 그 효력이 적용된다. 집 구하기부터 시작해서 가구, 소품 고르기까지 뭐 하나 자동으로 되는 게 없다. 하지만 그렇다고 골치 아파할 필요는 없다. 확실한 것부터 정하면 나머지 선택지는 반씩 확확 줄어든다. 항상 모든 것을 다 가져갈 순 없으니 버릴 것과 '정말 이건 버릴 수 없다!' 하는 것을 구분하면 쉬워진다.

작은 집을 구하면 그에 맞는 작은 가구를 구입하면 되고, 여기서 본인이 원하는 것들을 우선순위별로 나열해 실현 가능한 것들부터 해결하면 된다. 버리기를 두려워하거나 아쉬워하지 말자. 여러 가지를 동시에 하려 하면 그만큼 퀄리티가 낮아진다. 일부를 버리더라도 한 가지를 제대로 바꾸는 것이 만족도가 훨씬 높다. 지금 공간에서 당장 무엇부터 바꾸고 싶은가? 일단 하나를 바꾸면 다른 것들을 어떻게 해결해야 할지 다음 단계의 답이 나올 것이다. 그렇게 하나씩 바꾸다 보면 어느새 만족스러운 공간을 만날 수 있다.

공간이 살아나는 식물 고르기

공간에 생기를 불어넣는 가장 확실하고도 쉬운 방법은 식물을 들이는 것이다. 식물은 공기 정화, 습도 조절, 탈취 등 기능적인 효과뿐 아니라 공간에 배치한 것만으로 정서적 안정감과 인테리어 효과를 가져다준다. 이렇게 훌륭한 식물, 집 안으로 어떻게 들여야 할까?

집에서 기르기 좋은 식물 추천 리스트부터 함께하면 좋을 인테리어 스타일링 아이템을 준비했다. 식물 인테리어를 시작하고 싶은데 방법을 몰라 망설이고 있다면, 다음의 가이드에 따라 내 방에 맞는 식물과 아이템을 찾아 시작해보기를 권한다.

01_식물 추천 리스트 TOP 8

초보자라도 비교적 쉽게 키울 수 있는 '집에서 기르기 좋은 식물' 8가지를 소개한다.

식물 별 모양과 특성을 확인한 뒤 마음에 드는 식물을 선택하면 되는데, 이때 식물이 자라기 좋은 환경과 본인이 식물을 들이기로 계획하고 있는 공간의 환경을 비교하여 적합한 식물을 고르는 것이 가장 좋다.

1 몬스테라

넓은 잎에 부드러운 곡선이 특별한 몬스테라는 특유의 잎 모양으로 이미 인테리어 식물로 유명하다. 통풍이 잘 되도록 관

리하고 기온에 따라 흙의 상태를 달리하여 유지해주기만 해도 새순이 끊임없이 올라올 만큼 번식력이 좋다. 잎의 밑동을 잘라 물에 꽂아 두면 수경 식물로도 관상이 가능하다.

2 무화과

식물을 키우면서 재미를 느끼고 싶은 사람들에게는 과실수만큼 좋은 게 없다. 크고 넓은 초록색 잎 사이로 동그랗게 익어가는 달콤한 무화과도 그중 하나다. 난이도는 중간 정도로, 물은 흙이 마를 때 흠뻑 주어야 한다. 특히 기온이 영하로 떨어지는 계절에는 온도 유지에 신경을 써주어야 한다.

3 싱고니움

잎에 흰색 또는 은색 무늬가 있는 것이 특징이며, 특유의 습도 유지 기능으로 실내 식물로 매우 인기가 좋은 편이다. 반그늘에서도 잘 자라고, 흙은 건조해지지 않게 촉촉한 상태로 유지하여 관리하면 된다. 가끔 잎을 젖은 천으로 닦아주면 공기 정화 역할을 톡톡히 해낸다.

4 용신목

"하이!" 하고 인사라도 하듯이 위로 뻗은 팔 모양이 귀여운 선인장이다. 식물 하나로 존재감을 드러내고 싶을 때 적극 추천한다. 관리는 다른 선인장과 비슷하다. 물은 겉흙과 속흙이 바짝 마를 때까지 기다렸다가 흠뻑 주면 되고, 최소 한 달에 한 번 정도는 해를 받을 수 있도록 자리를 옮겨주어야 한다.

5 미니 콩고

윤기가 도는 진한 초록 잎이 매력인 미니 콩고는 햇볕이 잘 들지 않는 반그늘의 환경에서도 잘 자란다. 공간을 많이 차지하지 않는 사이즈로 사무실 책상 위나 사이드테이블처럼 좁은 면적에 올려놓고 기르기에 적합하다. 여기에 공기를 정화하는 능력 덕분에 집들이 선물용으로도 그만이다.

6 셀로움

사슴의 뿔을 닮은 잎이 매력적인 셀로움은 스스로 온도를 조절하는 능력이 있어 실내에 두고 기르기에 좋다. 새집에서 발생하는 유해 성분을 분해하는 기능 덕분에 이사한 집에 특히 추천하고 싶은 식물이다. 다만 잎에는 약간의 독성이 있어 잎을 자를 때에는 오래 접촉하지 않도록 주의해야 한다.

7 올리브 나무

생명력이 강하고, 가지의 형태가 예쁘게 뻗은 올리브 나무는 햇빛을 매우 좋아하기 때문에 해가 쏟아지는 남향집이라면 고민 없이 골라도 좋은 식물이다. 녹색을 띠는 잎의 앞면과 은은한 은백색의 뒷면은 어떤 인테리어에도 단아한 분위기를 풍겨낸다. 어느 정도 시간이 지나면 열매도 자라 기르는 재미가 있다.

8 극락조

오렌지색의 화려하고 아름다운 꽃의 모양이 열대지방에 사는 극락조라는 새의 모습과 닮아 붙여진 이름이다. 크고 시원한 잎이 위로 쭉쭉 뻗어 자라며, 꽃줄기도 잎의 높이와 비슷하게 자라난다. 많은 햇빛이 필요하지만 직사광선은 피하고 통풍이 잘 되는 곳에서 기르는 것이 좋다.

02 _ 식물 인테리어를 완성하는 홈 스타일링 아이템

내 집에 어울리는 식물을 골라 원하는 곳에 배치했다면, 다음은 인테리어의 디테일을 완성해 줄 스타일링 아이템을 골라보자. 스타일링 아이템만 잘 활용해도 공간이 더욱 풍성하고 아늑해진다.

수경식물을 위한 투명한 유리 화병

몬스테라, 테이블 야자와 같은 수경식물을 투명한 유리 화병에 키워보자. 식물 자체가 유리에 비춰 뻗어가는 뿌리를 확인하는 재미가 있으며, 물을 줬는지 안 줬는지 일일이 체크하지 않아도 되기 때문에 관리하기가 쉽다.

허전한 벽을 채우는 식물, 마크라메

식물을 평평한 바닥에만 둘 필요는 없다. 내추럴한 무드의 마크라메로 화분에 옷을 입혀보자. 허전했던 벽이나 커튼 한쪽 끝에 걸기만 해도 인테리어 효과가 톡톡하다. 디시디아, 플래그마리아와 같은 공중식물을 걸어두면 줄기가 아래로 길게 늘어지는 모습이 아름답다.

내추럴 무드를 자아내는 라탄바구니

바닥에 두어야만 하는 화분에도 옷을 입히고 싶다면, 라탄이나 나무 재질의 바구니를 활용해보자. 라탄바구니의 크기가 다양한 만큼 다양한 사이즈의 화분을 담을 수 있다. 내추럴한 우드 컬러의 소재는 식물의 파릇파릇하고 상쾌한 느낌을 잘 살려주어 어떤 인테리어에 두어도 어색함 없이 잘 어우러진다.

CHAPTER 3

공
간
에
색
을
입
히
다

공간이 두 개 이상 특히 복층으로 분리됐다는 건 꾸미기 까다롭기도 하지만 그
만큼 인테리어의 가능성도 늘었다는 의미다. 공간이 늘어난 만큼 여러 가지 시
도를 해볼 수 있는데, 다양한 인테리어 시도 중 효과 만점에 재미까지 쏠쏠한
것이 바로 공간에 색깔을 입히는 작업이다. 방 주인의 취향이 그대로 묻어나도
록 평소 좋아하는 색으로 메인 컬러를 정하고 그에 어울리는 2~3가지 색을 추
가한다면 잡지 화보에서나 나올 법한 공간이 바로 내 공간이 될 수 있다.

화이트 & 그레이 컬러 스타일
10평대 복층

단층보다 관리비도 많이 나오고, 막상 살아보면 불편하다고들 하지만 이럴 때 아니면 언제 살아보겠냐 싶은 마음에 덜컥 계약했어요. 그런데 역시 사람들이 입을 모아말하는 데에는 다 이유가 있더라고요. 거실과 침실 공간을 분리해서 살겠다는 첫다짐과는 다르게 2층에는 거의 올라가지 않고 1층 소파 앞에 잠자리를 마련한 채지내고 있어요. 복층 공간은 옷과 짐을 보관하는 창고로 쓰인 지 오래예요. 밋밋하고 지저분해져 버린 내 공간에 아름다운 색감을 입히고 싶어요.

복층에 눈길이 가는 이유는 독특한 구조 영향이 크다. 호기심이 로망을 불러일으킨 셈이다. 높은 천장고로 공간이 더 넓어 보이는 것 같고, 복층은 나만의 아지트 같은 느낌이 들기도 한다. 이렇게 평범한 원룸과는 다른 구조가 괜히 더 끌리게 만든다. 하지만 색다른 구조는 인테리어에 있어서 발목을 잡는다. 제작 가구처럼 맞춤이 아닌 이상 공간에 맞는 가구를 찾기 어렵고, 배치도 한정적이기 때문이다. 그래도 복층에 대한 로망을 포기할 수 없다면 방법은 있다. 공간이 확실하게 분리된 복층의

구조적 특징을 살려 장점을 최대화하는 것이다. 여기에 개인의 취향인 색감을 더하면 남들과는 다른 나만의 공간을 얻을 수 있다.

복층의 장점은 살리고 공간에 생동감을 줄 컬러 계획하기

복층 인테리어는 어느 층을 침실로 쓸 것인지가 시작점이다. 방 주인의 공간은 복층의 천장고가 평균보다 높은 편이다. 복층 오피스텔은 복층에서 허리를 굽히고 다녀야 될 정도로 낮은 경우가 많은데, 이 공간은 그런 문제가 전혀 없다. 그래서 복층을 침실이 아닌 다른 용도로 사용해도 무방했지만 이미 3인용 소파가 1층 대부분의 공간을 차지하고 있어서 복층을 침실로 사용해야만 했다. 복층을 침실로 사용하려면 기존 복층에 있던 옷과 짐을 보관할 수납 가구가 추가로 필요했다. 화장대를 교체할 예정이었기 때문에 수납력이 뛰어난 제품으로 선택했다.

너무나 평범해져 버린 이 공간에 생기를 불어넣기 위해 컬러 계획에 들어갔다. 기존 소파 컬러에 맞춰 주조색은 화이트 & 그레이로 계획했

가상 배치도

이사를 한 후 처음 배치에 어느 정도 익숙해졌다면, 새로운 배치를 시도하기란 어렵다. 큰 가구들을 혼자서 옮기기도 버거워 쉽게 포기하곤 한다. 하지만 반대로 생각해보면 새로운 배치도 금방 적응할 수 있다는 뜻이니 조금씩 변화를 시도하는 건 어떨까?

plan

방 주인이 원래 사용하던 대로 1층은 거실로, 2층은 침실로 유지하되 너무나 평범해져 버린 공간에 생기를 불어넣기 위해 컬러 스타일링 계획에 들어갔다.

컨셉트 이미지

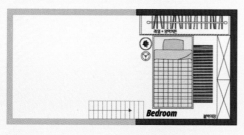

복층 그레이 톤의 매트리스를 중심으로 수납 가구는 화이트 톤으로 매치했고, 복잡한 컬러감이 드러나는 오픈형 행거도 화이트 톤의 커튼으로 가리기로 했다.

1층 기존의 소파 컬러인 그레이를 중심으로 그레이와 잘 어울리는 화이트 가구를 섞고 핑크색 소품으로 포인트를 주기로 했다.

컨셉트 이미지

다. 화이트와 그레이는 실패 확률이 가장 낮아 무난하게 사용하기 좋은 컬러다. 원목 가구에도 잘 어울리고, 포인트로 줄 수 있는 컬러도 많아서 제품 선택의 폭이 넓다.

컬러 인테리어 1: 그레이와 원목의 조화에 핑크로 포인트를 주다

1층은 기존과 거의 동일하다. 소파 앞 이불이 사라지고, 화장대가 추가된 것 말고는 기존 사용하던 가구들은 원래 위치에 그대로 있다. 챠콜 컬러의 소파에 맞춰 벽면에는 달이 프린팅 된 패브릭 가랜드를 달아줬다. 복층 오피스텔은 천장고가 높아서 벽이 유독 허전해 보이기 쉽다. 액자를 걸어도 좋지만, 비교적 무게가 가볍고 교체가 용이한 패브릭 가랜드를 추천한다.

소파 쿠션들도 기존에 갖고 있던 제품이다. 화이트, 그레이, 핑크 총 3가지 컬러가 쿠션에 사용되어서 러그 또한 같은 계열 색상이 조합된 디자인을 골랐다. 러그 사이즈는 소파 길이보다 살짝 여유 있게 맞추는 편이 좋다.

소파 옆으로는 전신거울과 화장대를 배치했다. 화장대는 방 주인이 가장 마음에 들어 한 가구다. 놀라운 수납력 때문이었는데, 위쪽에는 수납함에 담긴 화장품을 올려두고 별도로 시계나 반지, 귀걸이 등 액세서리를 수납할 수 있는 공간이 있다. 또한 유리 상판으로 되어 있어 보관한 액세서리를 한눈에 볼 수 있다. 받침대 역할을 하는 3단 서랍장을 옆으로 움직여 화장대를 확장할 수 있는데, 현재는 벌어진 공간에 사용 빈도가 낮은 공기청정기를 넣어뒀다.

이전에는 커튼이 없어서 방 주인은 아침이면 큰 창으로 들어오는 햇빛을 고스란히 맞으며 어쩔 수 없이 기상했다고 한다. 암막 커튼으로 아침 해를 가리기로 했는데 복층에 커튼을 설치할 때는 준비가 좀 필요하다. 먼저 긴 사다리가 필요하다. 철물점이나 경비실에 문의해 빌릴 수 있다. 그리고 간단하게 드릴로 뚫을 수 있는 벽인지를 먼저 확인해야 한다. 콘크리트 벽은 쉽게 안 뚫려서 전용 장비를 준비하거나 전문가

조명이 달린 화장대는 정교
한 화장을 위해서는 고려
해볼 만한 제품이다. 하단
서랍장과 알찬 수납 구성도
큰 장점이다.

를 부르는 것이 안전하다.

일부러 화이트 암막 커튼으로 선택했다. 암막 커튼도 색상에 따라 빛 차단율이 조금씩 차이 나는데, 화이트와 그레이를 비교해 보자면 화이트가 차단율이 낮은 편이다. 하지만 이미 소파로 많은 부분이 어두운 컬러로 채워졌기 때문에 큰 면적을 차지하는 커튼으로 어두움을 상쇄시켜줬다. 그레이 색상을 선택했다면 빛 차단은 더 완벽하게 되겠지만 공간은 많이 답답해 보일 것이다. 복층을 침실로 사용하기 때문에 이 정도 햇빛은 오히려 일상생활에 필요하다.

컬러 인테리어 2: 복잡한 걸 가리는 것도 컬러 인테리어

소파 맞은편 벽면에는 꼭 가리고 싶은 공간이 있었는데, 알 수 없는 파이프와 콘센트가 그 주인공이다. 기존에는 LED 시계를 파이프 위에 올려 사용하고 있었다. 그래도 파이프가 완전히 가려지지 않아서 다른 방법을 고민하다 파이프를 받침대로 사용하는 방식을 고안해봤다. 파이프 위에 벽 선반을 올려 시계를 두고, 풍성한 조화로 주변부를 가려줬다. 벽 선반은 일(一)자 형태가 아닌 측면도 함께 가려줄 수 있는 제품을 선택했다. 여기에 완벽하게 가리는 용도로 사용한 조화 덕분에 생기 있는 공간이 탄생했다. 조화는 가격도 저렴하고 대형마트에서도 쉽게 구할 수 있어 가리고 싶은 공간이 있다면 한 번 시도해볼 만한 방법이다.

컬러 인테리어 3: 패브릭으로 침실에 컬러를 입히다

복층은 한쪽 벽면이 모두 붙박이장으로 되어 있는 형태라서 매트리스를 놓을 수 있는 방향은 오직 하나였다. 협탁으로 활용할 원형 수납장과 조명으로 간단하게 꾸며보았다. 화이트 & 그레이 컨셉에 맞춰 침구는 그레이 색상으로 선택했다. 도비 원

소파 쪽 공간은 짙은 그레이 컬러가 압도적으로 눈에 들어오는 반면 TV 쪽은
화이트와 원목 컬러가 대부분이다.

단(입체적으로 무늬가 짜인 원단)으로 된 제품이라 짜임새 있는 무늬가 한층 고급스럽고 멋스러운 분위기가 난다.

매트리스 뒤로는 숨겨진 공간이 있는데, 커튼을 활용해 추가로 수납공간을 만들었다. 기존에 옷걸이를 걸어 두던 튀어나온 부분을 경계로 커튼레일을 설치했다. 1층에서 올려다보는 면까지 고려해서 휘어지는 U자 레일을 활용했다. 원하는 치수로 제작도 가능하고, 필요한 모양대로 굽혀서 사용할 수 있다. 설치할 곳에 맞게 레일을 굽힌 후에는 일반 커튼레일처럼 달아주면 된다.

커튼 덕분에 수납한 물건들이 보이지 않아 깔끔하다는 것이 최대 장점이다. 안쪽에는 여름철 제 몫을 다한 선풍기와 여행용 캐리어를 보관하고 있다. 캐리어 옆 선반은 밖에 꺼내 두기엔 못생긴 생활용품들을 올려두는 용도로 사용하고 있다.

말뿐인 계획은 이제 그만

집을 꾸미기 전 방 주인은 괜히 독립을 했나 싶은 순간들이 있었는데, 이제는 그런 생각이 싹 사라졌다고 한다. 그리고 2년 계약 중 절반이 지난 상태에서 집을 꾸미게 된 점이 제일 아쉽다며, 남은 기간 동안 어떻게 하면 계약을 더 연장할 수 있을까 고민 중이라는 말도 덧붙였다.

늘 꿈꾸던 집이 내 눈 앞에 '짠'하고 나타난다면 얼마나 좋을까. 집에 대한 로망은 누구나 있다. 자취하면 이렇게 꾸며야지, 혼자 살면 이런 것도 해볼 거야 등등. 다들 생각은 하지만 막상 실천에 옮기기는 어렵다. 기회가 왔을 때 주저 말고 시도해 보길 바란다. 시도도 하지 못한 채 시간을 낭비하면 후회만 느는 법이니까.

복층은 안쪽에 커튼레일을 설치해 공간을 한 번 나눠줬다. 매트리스를 두고도 공간의 여유가 많아 고안해낸 방법인데 꽤 덩치가 큰 제품들까지 수납 가능해졌다.

다크 컬러 스타일
10평대 복층

서울에 있는 직장에 다니게 됐어요. 그래서 회사 근처 10평대 복층 오피스텔을 구했어요. 난생처음 독립과 서울살이가 시작됐어요. 울산에서 상경하면서 가져온 온 짐들을 풀고 나니 넓다고 생각했던 집이 벌써 꽉 차 버렸어요. 자취 생활에 필요할 것 같아 인터넷을 뒤져 싸게 파는 국민 아이템도 몇 개 구입했어요. 그런데 가격이 싼 이유가 있었어요. 다 조립해야 한다는 사실을 왜 몰랐을까요. 혼자 끙끙대며 힘들게 조립하고 배치해보니 내 공간에 전혀 어울리지 않고 어색하기만 해요. 올 블랙으로 다크 한 공간을 꾸미고 싶었는데 왠지 시작부터 삐걱대네요.

인테리어도 유행이 있다. 불과 몇 년 전만 해도 셀프 인테리어와 북유럽 스타일 인테리어가 트렌드였는데, 이제는 원목이나 라탄 제품들로 꾸미는 내추럴 스타일이 유행이다. 또 미니멀리즘 열풍이 불면서 과도

한 물건들로 화려하게 꾸미기보다 단순하고 깔끔하게 꾸미는 미니멀 스타일 인테리어도 인기가 있다. 하지만 이런 유행은 한순간이다. 유행에 맞춰 꾸미기보단 본인만의 스타일을 살려 오랫동안 질리지 않을 공간을 만드는 게 중요하다.

가구 배치로 공간 200% 활용하기

이 공간은 기존에 사놓은 가구들을 최대한 활용하는 것이 관건이었다. 다행히 일관된 취향 덕분에 모두 어두운 컬러로 통일된 상태라 가구 배치만으로 쉽게 공간을 재구성할 수 있었다. 스툴 2개가 받치고 있던 TV는 새로 TV장을 구매해 제자리를 찾아주고, 거실 공간을 구분 지어줄 대형 러그도 구매했다. 1층 공간이 꽤 넓은 편이라 소파를 중앙에 배치해 총 3가지의 용도로 공간을 나누는 배치를 제안했다. TV를 볼 수 있는 공간, 식사를 할 수 있는 공간, 옷을 보관할 수 있는 공간. 소파와 러그를 중앙에 배치하는 것만으로 모두 해결했다.

매트리스만 달랑 두고 사용하던 복층에는 부족한 수납을 해결해줄 아이디어를 더해 철 지난 옷을 보관할 수 있는 공간을 만들었다. 마지막으로 소개가 늦었지만 반려묘 레오를 위한 공간도 복층에 함께 마련해주었다.

가상 배치도

복층 역시 원룸처럼 넓은 평수로 갈수록 시도할 수 있는 배치
가 다양해진다. 독립된 복층 공간으로 이미 한 번 공간 분리가
되어 있지만, 1층 내에서도 한 번 더 공간을 분리할 수 있다.

plan

방 주인이 미리 사놓은 가구들을 최대한 활용하는 방안으로 배치와 스타일링을
계획했다. 방 주인의 일관된 취향 덕분에 모두 어두운 컬러로 통일된 상태라 가구
배치만 신경 써서 공간 활용도를 높일 계획이다.

복층 그레이 컬러의 매트리스에 같은 계열의 러그를 매치하고 아이디어 소품들로
포인트를 주도록 계획했다.

1층 소파를 중앙에 배치하고, 소파를 중심으로 좌측은 드레스룸, 소파와 러그 구
역인 거실, 우측은 다이닝 공간으로 계획했다. 기존의 가구와 소품이 모두 다크
계열이라 어두운 색상의 러그와 TV장을 구매해 공간 구성을 완성하기로 했다.

컨셉트 이미지

침대와 마찬가지로 소파 또한 벽에 붙이는 배치가 일반적이다. 하지만 거실이 기다란 형태라면
중간 지점에 소파를 배치하고, 남는 공간을 다른 용도로 활용하는 것을 추천한다.

컬러 인테리어 1: 다크 한 분위기 물씬, 상남자 집으로 변신하다

너저분한 물건들의 제자리를 찾아준 것만으로 달라진 모습이다. 한 눈에 봐도 용도별로 공간이 분리된 느낌이 든다. 어두운 컬러의 러그는 공간을 확실히 구분 짓는 역할을 한다. 러그 컬러는 소파와 톤을 맞춘 것도 있지만 고양이 털 빠짐에 대비해 티가 잘 안나는 제품을 선택했다.

미적분책으로 수평을 맞춰 보던 TV는 드디어 제자리를 찾았다. TV장은 기존 사다리 선반과 어울리는 블랙 철재 프레임에 오크 원목이 들어간 제품을 선택했다. 사다리 선반만 뒀을 때는 집이랑 따로 노는 느낌이 들었는데, TV장과 나란히 두니 비로소 빛을 발했다.

소파 뒤로는 식탁을 배치에 일종의 다이닝룸을 만들었다. 천장고가 높은 복층에서는 벽 장식에 더욱 신경 써야 한다. 허전한 벽을 채워줄 식물 프린팅 액자 2종류를 구매해 식탁과 냉장고 위에 각각 걸어줬다. 모던한 분위기와 어울리게 액자 프레임은 모두 블랙으로 통일했다.

컬러 인테리어 2: 요리할 맛 나는 블랙 주방

주방은 보닥 타일이라는 시트지를 활용해 방 주인과 함께 셀프로 꾸몄다. 원래는 화이트색 민무늬 벽으로 마감되어 있었는데, 여기에 블랙 모자이크 타일 모양 시트지를 붙여 모던한 느낌으로 확 바꿔보았

다. 기존 주방도 나쁘진 않았지만 타일을 붙이니 조금 더 주방스러운 분위기로 바뀌었다. 무엇보다 다크 한 컬러 컨셉트에 충실하게 바뀐 공간이라 더 의미가 있다.

컬러 인테리어 3: 레오와 함께 잠드는 복층

복층에 덩그러니 혼자 있던 매트리스 옆으로 레오의 보금자리를 마련해줬다. 거친 마블 무늬 디자인 역시 다크한 분위기에 맞췄다. 침구는 기존에 사용하던 제품 그대로 유지했고, 바닥에 그레이 컬러 러그를 깔아 포근한 느낌을 더했다. 기존 바닥은 레오가 돌아다니면서 미끄러지기도 해서 위험했는데, 이 점도 해결하고 바닥에서 올라오는 찬 기운을 막아 주는 기능도 해준다.

난간 가장 안쪽에 활용하기 애매한 공간이 있었는데, 여기에 낮은 협탁을 두고 책 모양 무드등을 올려줬다. 책을 펼치면 불이 켜지는 제품이라 포인트 인테리어로 좋다.

침대 맞은편 벽에는 공간박스를 쌓아 올려 작은 데코 존을 만들었다. 책을 보관하거나 액자 등 인테리어 소품을 올려두기에 좋다. 통기타는 본가에 있던 물건인데, 줄도 끊어지고 상한 곳이 많아 리폼한 뒤 인테리어 소품으로 활용했다. 상판을 뜯어내고 내부에 바니쉬로 코팅해준 후 테두리를 따라 작은 알전구로 감싸주기만 하면 끝이다. 쓰임새를 다한 물건이 있다면 리폼해서 인테리어 용도로 활용하는 것도 좋은 방법이다.

복층 난간 쪽에 매트리스와 레오 전용 텐트
를 붙이고 맞은편에 공간박스를 배치했다.

컬러 인테리어 4: 죽은 공간을 활용해 옷장을 만들다

1층에는 주로 자주 입는 외투를 보관했다면, 복층에는 계절이 지난 옷이나 부피 큰 짐들을 보관할 공간이 필요했다. 계단으로 올라와 바로 보이는 공간이 안쪽으로 움푹 들어가 있어서 이 공간을 수납 용도로 활용하기로 결정했다.

물론 이전에도 이 곳을 옷 보관하는 용도로 사용하긴 했다. 다만 그냥 던져 쌓아 놨을 뿐. 조금 더 깔끔한 수납을 위해 리빙박스를 이용해 정리하고, 가림막 커튼을 설치하는 방식을 제안했다. 복층에서 가장 먼저 보이는 공간인 만큼 깔끔하게 보이는 게 중요하다. 커튼은 압축봉을 이용한다면 벽에 못 하나 박을 필요 없이 간단하게 설치할 수 있다. 여기서 사용한 커튼 집게고리의 직경은 약 45mm이고, 압축봉의 직경은 23mm다. 커튼 원단은 시장에 가서 직접 골라 제작 의뢰했는데, 인터넷으로도 원하는 길이로 주문할 수 있다. 사용한 제품은 총길이가 300mm고, 하중은 6kg 정도 버틸 수 있는 제품이다. 벽과 벽 사이에 압

준비물은 압축봉과 커튼으로 사용할 원단, 그리고 커튼 집게고리! 준비가 되었다면 압축봉의 한쪽 마개를 빼고 커튼 집게고리를 압축봉에 하나씩 걸어 준다.

력을 이용해 설치하는 제품이라 사용하다 위치를 바꿔도 벽에 흠집이나 자국이 남을 걱정이 없어서 집주인 눈치 볼 필요 없는 효자템이다. 벽면에 압축봉을 튼튼하게 설치했다면 가리개로 사용할 원단을 커튼 집게 고리에 하나씩 걸어주면 완성이다.

사람은 공간을 만들고, 공간은 사람을 만든다

집에는 살고 있는 사람의 흔적이 남기 마련이다. 그래서 어떤 집은 들어서면 온 집에서 주인과 닮은 구석을 발견하기도 한다. 이번 공간 또한 그랬다. 이미 방 주인의 확고한 취향으로 가득 찬 공간이었지만 정리가 안 되었을 뿐이다. 방 주인의 라이프스타일과 요구 사항을 고려해 새로운 배치를 제안해준 것 말고는 한 일이 없다. 방 주인의 말을 빌리자면 삶의 만족도가 올라갔다고 한다. 회사에서 돌아왔을 때 집이 반겨주는 느낌이 들고, 정리된 공간에서 안정감을 느끼게 되니 집을 깨끗하게 유지하려 노력한다고. 공간의 변화와 함께 또 다른 변화도 시작되었다.

우드 & 그린 스타일
11평 복층

대학교 졸업 후 취업과 함께 이제야 비로소 '나만의 공간'이라고 부를 만한 제대로 된 공간이 마련됐어요. 이 집에서라면 인테리어 할 맛 나겠다는 생각이 들었어요. 매번 주말에는 집을 탈출해 근처 카페를 전전해가며 책을 읽곤 했는데, 이제는 주말에도 집에서 무언가 해보고 싶어요. 카페 같은 집 꾸미기가 가능할까요?

자신이 자주 찾는 카페가 있다면, 카페 내에서도 선호하는 자리가 꼭 있다. 왜 그럴까? 이유는 다양하다. 전기 콘센트가 가까워서, 주변에 테이블이 많이 없는 조용한 자리라서, 이 자리에서만 보이는 풍경이 좋아서, 셀카가 예쁘게 나오는 배경이라서 등 몇 가지가 마음에 들면 그 자리를 계속 찾게 된다. 마음에 드는 조건, 또 다른 말로는 분위기라고 한다. 그 분위기를 결정하는 것은 결국 인테리어다.

주말에도 집에서 카페 온 기분을 내고 싶다면 방법은 간단하다. 내가 좋아하는 카페의 그 자리를 집으로 옮겨오면 된다. 나 혼자만 즐길 수 있는 전용 홈 카페, 물론 커피는 셀프다.

가상 배치도

복층의 가장 큰 이점은 높은 층고다. 일반 원룸에서는 키가 큰 가구들을 사용하면 답답한 느낌이 강하게 들지만 복층은 다르다. 보다 확실한 공간 분리를 위해 사람 키와 비슷한 높이의 가구를 활용해 공간 분리를 시도할 수 있다.

plan

실평수 11평으로 큰 편이라 1층을 하나의 공간으로 쓰기보다는 가운데 책장을 배치하고 주방과 거실 공간을 확실하게 분리해 활용하기로 계획했다. 천장이나 벽면에 요철이 많고 천장고가 낮은 복층은 침실과 수납을 위한 공간으로 계획했다.

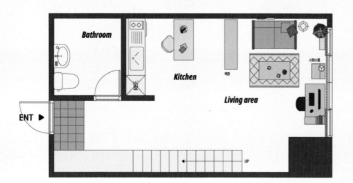

1층 책장을 중심으로 주방과 거실로 분리한 뒤 가구는 모두 우드 톤으로 맞추고 소품 역시 브라운과 화이트로 어울리게 조합하고 그린 톤 식물로 포인트를 줄 계획이다.

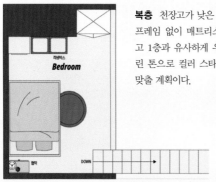

복층 천장고가 낮은 편이라 프레임 없이 매트리스만 두고 1층과 유사하게 우드 그린 톤으로 컬러 스타일링을 맞출 계획이다.

컨셉트 이미지

우드 & 그린, 내추럴한 카페 같은 집 계획하기

방 주인의 공간은 복층 오피스텔로 실평수 11평 정도의 비교적 큰 편에 속한다. 1층을 하나의 공간으로 쓰기보다는 가운데 책장을 배치하고 주방과 거실 공간을 확실하게 분리해 활용하기로 계획했다. 주방쪽에는 간단하게 식사를 할 수 있는 공간을 마련하고, 거실 쪽은 일과 휴식을 취할 수 있는 공간으로 구상했다.

분리된 거실 공간은 내추럴한 카페 분위기를 컨셉트로 잡고 가구와 소품을 골랐다. 우드 베이스에 식물로 포인트를 줘서 편안하고 아늑한 분위기가 조성되도록 고려했다. 거실에 들어가는 책장, 소파 테이블, 책상을 모두 우드 톤으로 맞추고 소품들 또한 브라운과 화이트 컬러로 우드 톤에 어울리는 조합을 선택했다.

컬러 인테리어 1: 넓은 공간을 가구로 분리하다

앞서 계획한 대로 1층 공간은 책장을 중심으로 왼쪽은 주방이자 다이닝룸, 오른쪽은 거실로 공간을 분리했다. 책장은 이케아 제품으로 조립이 필요한데, 꽤 큰 가구라 혼자보다 2명 이상이 같이 하는 편이 좋다. 조립이 필요 없는 완제품도 시중에 많이 판매하지만 활용도에 차이가 있어 이 제품을 선택하게 됐다.

원래 이 책장은 상단 2칸처럼 4칸이 모두 양방향으로 뚫려 있는 제품인데, 옵션으로 구매 가능한 유닛들로 원하는 방식의 수납 형태를 선택할 수 있다. 세 번째 칸은 문과 서랍을 설치해 밖으로 꺼내 보관하기에는 지저분한 물건들을 수납할 수 있도록 했다. 맨 아래 칸은 크기에 맞는 수납박스를 활용해 또 다른 수납 방식을 선택했다. 같은 가구일

이케아에서 구입한 4x4 책장, 조합할 수 있는 수납
옵션이 다양해서 효율적인 수납이 가능하다.

지라도 내 입맛대로 변형해서 사용할 수 있다는 점이 큰 장점이다.

책장 다음으로 큰 가구는 소파인데, 거실 중앙에 배치해 전체적인 중심을 잡아줬다. 카페처럼 편안하게 앉아 책을 볼 수 있도록 넉넉한 2인용 소파를 선택했다. 소파 오른쪽으로는 따뜻하고 생기 있는 분위기를 더해줄 플로어스탠드와 몬스테라 화분을 배치했다.

식물이 담긴 화분이 다른 인테리어와 어울리지 않을 때에는 새로운 화분으로 교체해주는 방법도 좋지만 간단하게 라탄바구니를 활용해 가려주는 방법도 있다. 식물과도 잘 어울리고, 내추럴한 분위기 연출에 라탄 재질이 한몫하기 때문이다.

소파 뒤 벽면에는 월포켓에 조화를 꽂아 장식했다. 식물을 좋아하는 방 주인의 취향을 반영해 곳곳에 식물들을 활용한 인테리어를 시도했다. 보통 식물 하면 바닥이나 탁상 위에 놓는 화분에 담긴 식물만 생각하기 쉬운데, 매다는 행잉 플랜트를 활용해보는 것도 색다른 재미가 있다.

창가 쪽에는 책상을 배치했다. 직업 특성상 집에서도 컴퓨터를 사용할 일이 많은 방 주인에게는 데스크톱을 올려 둘 책상이 필수 가구였다. 부피 큰 데스크톱을 보관하기 위해 일반적인 일(一)자 책상이 아닌 선반이 달린 H형 책상을 활용했다. 선반 위쪽 공간에는 화장품을 보관해 책상을 화장대 겸용으로 활용하는 방안을 제시했다. 방 주인이 좌식 화장대를 선호할뿐더러 햇빛이 잘 들어오는 창가라서 화장하는 공간으로 안성맞춤이었기 때문이다. 꼭 화장대로 나온 가구를 새로 구입하지 않아도 기존 가구들을 잘 활용하면 화장대처럼 사용할 수 있다.

컬러 인테리어 2: 차가운 스틸 소재를 타일 시트지로 가리다

보통 원룸과 다르게 주방이 미닫이 문으로 되어 있었다. 그래서 사용할 때만 열어두고, 사용하지 않을 때는 닫아 깔끔하게 가려줄 수 있다. 또 다른 특이점으로 벽 일부분에 나무 패널이 설치되어 있었는데, 방 주인이 갖고 있던 포스터를 붙이니 센스 있는 인테리어 포인트 공간이 됐다. 기존 주방은 철재가 많아서 차가운 느낌이 강했다.

미닫이 문으로 가릴 수 있어 잘 보이는 부분은 아니지만, 따뜻한 우드 톤과 맞는 화이트 컬러 시트지로 교체했다. 타일

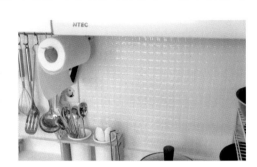

시트지 특성상 요리를 하다 기름이나 음식물이 튀어도 행주로 쉽게 닦아낼 수 있다. 다만 붙인 이후에는 떼어내기 어려우므로 사전에 집주인에게 동의를 구한 후 진행해야 한다.

컬러 인테리어 3: 자투리 공간에도 우드 & 그린 톤으로 수납하다

복층으로 올라가는 계단 중앙에는 큼직한 빈 공간이 있었는데, 공간이 애매해서 그냥 단독으로 수납하기엔 활용도가 떨어졌다. 정확하게 치수를 잰 후, 적당한 크기의 패브릭 리빙박스를 활용해 잘 쓰지 않는 소품이나 옷 가지 등을 보관했다.

복층은 간단하게 침실로 꾸몄다. 천장이나 벽면에 요철이 많아서 구조적으로 여러 배치를 시도하기에 어려움이 있었다. 낮은 천장고 때문에 침대 프레임 없이 매트리스만 두고, 머리맡에 작은 서랍형 협탁과 테이블스탠드를 배치했다. 반대쪽 공간에는 리빙박스로 부족한 옷 수납을 해결했다.

나만의 휴식처 만들기

시간이 갈수록 인테리어에 대한 대중적인 관심이 높아지는 것 같다. 카페나 음식점을 방문할 때도 '분위기 좋은'이라는 수식어를 붙이고, 사진 찍기 좋은 포토존은 핫플레이스의 필수요소다. 그래서 카페처럼 집을 꾸미거나 영화 속 한 장면처럼 컨셉트를 잡고 꾸미는 경우가 종종 있는데, 무작정 따라 하기보단 나에게 맞는 스타일로 살짝 변화를 줘서 '나만의 휴식처'를 만들어보면 좋겠다. 내가 진짜 만족할 수 있는 공간으로 말이다.

내 공간에 어울리는 향 고르기

좋은 향을 풍기는 공간에서는 왠지 모르게 몸도 마음도 편안해진다. 실제로 향을 맡는 것만으로 일상에서 받는 스트레스나 피로감을 풀어주는 효과가 있어 '향'과 관련된 소품에 대한 관심이나 소비도 높아지고 있는 추세다. 집 안에서 주로 사용하는 '향기템'과 그 올바른 사용법을 알아보자.

01__캔들 CANDLE

집 안을 향기로 채울 수 있는 아이템 하면 가장 먼저 떠오르는 캔들. 은은한 향을 채워주는 것뿐 아니라 습기를 잡아 주는 효과도 있어, 비가 와 눅눅한 오후에 캔들을 태우면 실내 공기가 한결 쾌적해지는 것을 느낄 수 있다. 불만 붙이면 끝이라고 생각하기 쉬운 캔들도 오랫동안 효율적으로 쓸 수 있는 방법이 있다.

 본격적으로 캔들을 사용하기 전. 심지 길이를 5mm로 정도로 짧게 잘라 줘야 그을림과 연기가 적게 난다.

 첫 사용 시에는 2~3시간은 넉넉히 태워주는 '프라임 단계'가 있어야 가운데만 움푹이 녹아들어 가는 '터널링 현상' 없이 깔끔하게 캔들을 사용할 수 있다.

 불을 끄고 싶을 땐 촛농에 심지를 담가 꺼야 연기가 나지 않고, 심지가 촛농으로 코팅되어 다음번에 더 발향력을 좋게 사용할 수 있다.

 캔들 워머는 불을 피워 사용하는 게 아닌 불빛으로 캔들을 녹여 향을 내는 방식이다. 캔들을 껐을 때 발생하는 연기가 없어 좀 더 안전하게 사용할 수 있으며 심지를 태우는 것에 비해 발향력도 더 좋다.

 캔들의 사용이 끝나면 향이 날아가거나 이물질이 묻지 않도록 리드를 덮어 직사광선이 닿는 곳을 피해 보관해주자.

02 __ 디퓨저 DIFFUSER

향이 나는 고농축 용액에 리드를 꽂아 향을 퍼뜨리는 원리로 캔들이나 인센스에 비해 오랜 기간 사용할 수 있는 것이 특징이다. 또한 향이 널리 퍼져 거실이나 로비 같은 넓은 공간에서 사용하기 좋다. 요즘엔 단순히 용액과 리드로만 이루어진 디퓨저가 아닌 개성 있는 제품들이 많이 있어 인테리어 데코 아이템으로 주목받고 있다. 디퓨저는 리드의 굵기나 개수에 따라 향의 농도를 조절할 수 있다. 두께는 두꺼울수록, 개수는 많을수록 향이 진해진다. 향이 약해졌을 때는 새로운 리드로 교체하거나 리드의 위아래를 바꿔서 꽂아주면 다시 짙은 향을 느낄 수 있다.

흔히 사용되는 리드는 밋밋한 나무 리드이지만 패브릭이나 드라이플라워, 조화 등 특색 있는 리드도 있다. 이밖에 조명 같은 다양한 소품과 연출한 디퓨저들은 후각은 물론, 시각도 사로잡는 인테리어 소품이 된다.

03 __ 인센스 INCENSE

인센스는 불을 붙여 연기로 향을 퍼뜨리는 것을 일컫는 말이다. 에센셜 오일이나 허브 등 자연의 재료로 이루어진 차콜을 스틱이나 원뿔 등 다양한 형태로 가공하여 만든 아이템으로, 사용 후 재가 남기 때문에 전용 홀더나 유리그릇이 필요하다. 다양한 향의 종류와 동양적인 느낌을 풍겨 매력 있는 소품으로 사랑받고 있으며, 특유의 차분한 향은 오염된 공기를 정화해주고 마음의 안정을 주는 효과가 있다.

끝에 불을 붙인 다음, 바람을 내 연기를 내주면 은은한 향기가 난다. 인센스 하나를 다 태우는 데 걸리는 시간은 20분 남짓이지만 다 타고 사라져도 향은 반나절 이상 지속된다. 다른 어떤 제품들보다도 뛰어난 발향력과 탈취력을 자랑하기 때문에 생선을

굽고 집 안 곳곳에 배인 비린내나 알 수 없는 잡내가 날 때 사용하면 냄새를 효율적으로 잡을 수 있다. 하지만 연기가 올라오므로 사용 시 환기는 필수다.

04__아로마^{AROMA}

은은한 향으로 기분을 좋게 만들어 주는 허브.
아로마는 허브를 채취하여 사용하기 쉽도록
정유 상태로 만든 것을 말한다. 아로마를 이용
한 향기 치료 방법인 '아로마 테라피'는 몸과
마음의 균형을 회복시켜주는 데 효과가 있어
지친 현대인들에게 주목받고 있다.

 가습기 물에 천연 아로마 오일 2~3방
울을 떨어뜨려보자. 습기와 함께 은은
하게 뿜겨져 나오는 향기가 뭉쳐 있던
기분을 말랑하게 만들어 줄 것이다.

 아로마 오일은 그냥 두었을 때보다 열을
가했을 때 더욱 진하게 향을 발산하는데,
이러한 점을 이용한 오일 버너를 사용하는
것도 좋은 방법이다.

BONUS 공간별 향기 더하기 _____

어떤 공간에 어떤 향을 배치해야 우리 집을 좀 더 매력적인 공간으로 만들 수 있을지 알아보자.

거실

과일 계열 : 레몬, 만다린, 무화과
허브 계열 : 재스민, 레몬그라스

• 가족 구성원이 모두 드나드는 거
실은 모두가 좋아할 만한 무난한 향을 고르는 것이
좋다. 기본적으로 거부감 없는 과일향이나 허브 계
열이 좋다.

침실

아로마 계열 : 라벤더, 재스민,
샌들우드
플로럴 계열 : 일랑일랑, 로즈

• 쉽게 잠들지 못한다면 숙면에 도움이 되는 아로마
계열의 향이 좋다. 가끔씩 로맨틱한 분위기를 연출
하고 싶을 때는 플로럴의 계열이 좋다.

화장실

파우더리 계열 : 바닐라, 머스크
허브 계열 : 베르가못, 페퍼민트, 라벤더

• 욕실은 수증기에 의해 2차 발향이 일
어나므로, 물기와 어울리는 향이 좋다.

서재

유칼립투스, 로즈메리, 계피

• 자연에서 추출한 향은 마음에
안정감을 주고 잡생각을 거둬
집중하는 데 도움이 된다.

집 꾸미기는 꼭 본가에서 독립한 1인 가구만이 할 수 있는 전유물이 아니다. 가족들과 함께 살고 있는 경우라면 가족들과 공유하는 공간 말고 오롯이 나만을 위한 공간, 내 방 꾸미기부터 시작해보는 게 좋다. 언젠가 외국인 친구의 말에 한방 얻어맞은 것 같은 기분이 든 적이 있다. 한국 사람들은 왜 지금 사는 집을 예쁘게 가꿀 생각은 않고 언젠가 독립하면 해야지, 언젠가 내 집 사면 해야지 하며 미래의 일로만 미루냐고! 맞다. 집 꾸미기는 당장 내 공간부터 시작이 가능하다. 집 꾸미기 실행에 앞서 셀프 꾸미기 사례 중 독특하고 예쁜 방부터 들여다 보고 용기를 얻어보자.

SPECIAL

내 맘대로
꾸미다,
개성만점
인테리어

인테리어 소품러의 소품 가득한
가슴 설레는 방

매일매일 실험 중! 나만의 실험실

첫 번째 공간은 아기자기한 인테리어 소품을 사랑하는 집순이의 방이다. 캔들 만들기가 취미라는 그녀는 30평대 아파트의 작은 방에서 생활하고 있다. 부모님과 함께 생활하는 집에서 온전히 본인만의 공간은 방뿐이라, 이 곳을 좋아하는 것들로 가득 채워 설레는 공간을 완성했다.

처음에는 베란다가 있어 실제 방으로 사용할 수 있는 공간이 좁았다고 한다. 공간을 더 넓게 사용하기 위해 베란다를 확장하고, 도배도 깨끗하게 새로 해 본격적인 집 꾸미기를 위한 기반을 다졌다.

전체적인 화이트 배경과 어울리는 원목 가구들을 매칭해 따뜻하면서도 쉽게 질리지 않는 공간이 탄생했다. 방 안에 큰 가구라고는 침대와 수납장, 책상이 전부다. 처음에는 창가에 수납장을 두고 침대를 문 쪽에 배치했는데, 최근 새로운 가구 배치를 시도했다고 한다. 침대를 창가 쪽에 붙이고, 수납장은 침대와 가

까운 벽면에 배치했다. 덕분에 방 중앙 공간이 더 넓어져서 효율적인 공간 활용이 가능해졌다. 무게가 많이 나가는 가구들이 아니라서 부담 없이 다양한 배치를 시도할 수 있다. 가구 가짓수도 적으니 말이다.

수납장은 원래 거실장 용도로 나온 제품인데, 내부 공간이 넓고 깊어서 많은 물품을 보관할 수 있어 만족하며 사용 중이라고 한다. 수납장 위에는 그녀의 애정이 듬뿍 담긴 소품들이 진열되어 있다. 구매한 제품들도 있고, 직접 만든 소품들도 섞여 있다. 쉽게 질리는 성향 때문에 매번 다른 소품을 진열하며 기분전환을 한다고 한다. 그녀의 실험 정신 덕분에 매일 조금씩 변화하며 항상 설레는 공간이 유지되는 건 아닐까?

수납장 위에는 파스텔 톤의 향초가 줄지어 있다. 태우기 아깝지만 사용한 뒤 자연스럽게 녹아내린 촛농 또한 멋스럽다.

디자인 전공자의 과감한 시도,
다크 컬러의 방

MANCAVE 센스가 남다른 공간

두 번째 공간은 취향이 확고한 디자인 전공자의 방이다. 인테리어 참고 자료를 찾아보면 밝고 화사한 이미지가 대부분이다. 천편일률적인 인테리어에서 벗어나 본인만의 개성을 담고 싶었다는 그는 평소 관심 있던 독일 바우하우스 디자인의 철학처럼 불필요한 장식은 배제하고 하나의 색을 컨셉트로 잡아 방을 꾸몄다고 한다. 3개월에 걸친 셀프인테리어 과정에 따른 방의 변천사를 확인해보자.

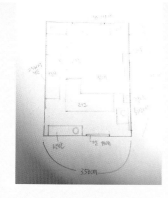

STEP 1 스케치

인테리어를 시작하기 전 가장 먼저 방의 도면을 그렸
다. 실측한 방의 크기는 5평 정도로 어디에 무엇을 배
치할지 미리 스케치로 나타냈다.

STEP 2 정리하기

가족 중 한 명이 자취를 시작하면서 생긴 공간이라
불필요한 짐이 많았다. 그 짐들을 비워내고, 활용도가
떨어지는 붙박이장을 철거해 넓은 공간을 확보했다.

STEP 3 페인팅

촌스러운 벽지는 모두 뜯어낸 후 따로 단열 공사를
진행했다. 그 위에 짙은 네이비 컬러 페인트를 발라주
고, 창문과 창틀은 고동색으로 칠해줬다.

STEP 4 바닥 교체

너무 밝은 바닥 장판을 전체적인 분위기에 맞춰 접착
식 데코타일로 덮었다. 테트리스 하듯이 차근차근 테
이프를 떼고 붙이면 되는 작업이라 단 시간 내에 바닥
시공을 마칠 수 있다.

STEP 5 배치

원하는 가구와 소품들을 구입해 처음 계획했던 스케
치대로 배치하면 완성!

집주인이 부모님이라면 시도할 수 있는
인테리어 범위가 더 넓어진다. 과감한
시공을 싫어할 이도, 나갈 때 원상복구
해야 한다는 걱정도 없기 때문이다.

집순이 회사원의
침대에서 뭐든지 가능한 방

나에게 최적화된 공간

집순이에게 딱 어울리는 말, "이불 밖은 위험해!" 이 말대로 침대는 집순이의 주된 생활공간이자 안식처다. 이번에 소개할 공간의 주인은 트렌드를 쫓아 핫플레이스를 찾아다니던 시절이 지나고 나니 점점 조용하고 편안한 곳을 찾게 되었다고 한다. 침대를 중심으로 그녀의 생활이 묻어난 공간을 살펴보자.

심플하고 편안한 느낌으로 꾸민 공간에서 벽면을 활용한 인테리어가 눈에 띈다. 침대에서 뒹굴거리는 것을 좋아하다 보니 자주 사용하는 물건들을 최대한 손이 닿는 곳에 배치했다고 한다. 2단으로 된 벽 선반을 활용해 아래칸에는 CD를 보관하고 위칸에는 디퓨저를 놓았다. 벽 선반 오른쪽 CD 플레이어는 소장한 지 무려 10년이 넘은 제품이라고 한다. 오랜 시간 동안 잔고장 한 번 없이 사용하고 있다니 물건을 다루는 그녀의 관리법 또한 대단하다.

두 번째 인테리어 포인트, 조명이다. 플로어스탠드 대신 벽등을 사용했는데, 공간도 적게 차지하고 침대에서 손을 뻗어 닿는 위치에 스위치가 있어 켜고 끄기도 편리하다. 협탁에도 초와 무드등 가습기를 활용해 공간을 밝혔다.

덕업 일치 영화광의
꿈에 그리던 방

나를 알게 해 준 방 꾸미기

이 공간의 주인은 영화를 좋아하고, 영화와 관련된 소품 수집이 취미다. 30년을 훌쩍 넘긴 집을 리모델링하면서 원룸 같은 방을 꿈꾸던 영화광에게 드디어 방 꾸미기의 기회가 왔다. 가상 인테리어 프로그램까지 활용해 가구 배치를 시뮬레이션해본 뒤 최적의 가구 배치를 찾아 3D 이미지 그대로 실행에 옮겼다.

침대는 직접 가구 공단에 가서 고를 만큼 심혈을 기울여 골랐다. 침대 헤드 안쪽에 간접 조명이 설치된 제품이라 밤에 더 빛을 발한다. 내장형 콘센트가 있어 잠 자기 전 핸드폰 충전할 때 또 한 번 만족감을 느낀다고 한다.

일반 아파트의 방이지만 소파 베드로 원룸 같은 분위기가 더해졌다. 자취를 꿈꾸는 이라면 미리 방을 꾸밀 때 계획적으로 원룸용 제품을 사두는 것도 좋은 방법이다.

수집한 영화 관련 소품들은 박스에 넣어 소중히 보관하는데, 몇 개는 서랍장 위에 장식해 둔다고 한다. 볼 때마다 괜히 방에 대한 애정이 샘솟는 일명 '덕후 존'이다. 예쁜 카페를 찾아다니고 사진 찍는 것을 좋아해 방 안에 포토존을 만들고 싶었다고 한다. 그래서 침대 왼쪽으로 소파 베드와 러그를 배치하고 소품들로 꾸며 그 로망을 실현했다. 실제로 많은 친구들이 거쳐간 공간으로 인증샷을 남겼다고 하니 이 방의 대표 공간이라 말할 수 있다.

본인이 어떤 스타일을 좋아하는지에 대해 다른 사람에게 설명해본 적이 있는가? 의외로 내 취향을 간단명료하게 설명하기란 쉽지 않다. 그럴 때 집을 한 번 꾸며보면 자신이 어떤 것들을 좋아하는 사람인지 확실히 깨닫게 된다. 내 방이 취향 집합소가 될 테니 말이다.

건축 전공자의
인더스트리얼 방

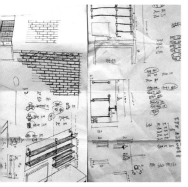

나를 알게 해준 방 꾸미기

마지막 소개할 공간은 인더스트리얼 컨셉트로 충만한 건축 전공자의 방이다. 인더스트리얼이란 콘크리트 벽면, 파이프 등 거친 소재들을 이용해 공장 같은 느낌을 연출한 스타일이다. 주로 카페나 음식점 같은 상업공간에서 쓰인다. 이론으로 배운 인테리어를 방 꾸미기에 실제로 적용해 퀄리티 있게 꾸민 3평짜리 방을 둘러보자.

파벽돌과 파이프, 멀바우 목재를 활용해 벽면을 채웠다. 파벽돌 시공부터 파이프 선반 설계까지 모두 셀프로 했다는 점이 놀랍다. 3D 프로그램을 사용해서 먼저 구체적인 디자인을 잡은 후 손도면을 그려가며 필요한 재료들을 정확하게 산출해냈다. 전공이 빛을 발하는 순간이다. 직접 파벽돌을 붙이고 시멘트 줄눈까지 채워 넣은 벽에 파이프 행거를 설치해 옷을 수납할 수 있는 공간을 만들었다. 옷걸이도 빈티지한 컨셉트와 어울리는 원목 옷

걸이로 통일해 디테일한 부분까지 충실히 컨셉트에 맞췄다.

침대와 협탁 모두 마루와 어울리는 어두운 톤의 원목 제품을 선택했다. 시멘트 느낌을 살리고자 벽지 또한 시멘트 질감의 시트지를 사용했다.

비용 절감을 위해 최대한 모든 과정을 셀프로 진행하다 보니 걸린 시간만 4개월. 한창 더운 7월 여름에 시작해 끝난 시점은 겨울이 다가온 11월이었다. 나중에는 이 방을 떠나 살게 될 집에서 좀 더 전문적인 컨셉트와 지식으로 또 다른 도전을 할 계획이라고 한다.

파이프 선반 하단에 간접 조명을 설치해 모던한 느낌을 더했다. 앤틱한 시계까지 붙이고 나니 방 주인의 취향이 그대로 드러난다.

집 꾸미기는 계속된다!

내 집이 아닌데도 꾸미는 데 돈을 들이는 이유, 집꾸미기라는 회사에 몸담기 전까지는 나조차도 이해가 되지 않았다. 유달리 돈을 안 쓰기로 유명해서 오죽하면 동료들이 '루시는 안 사요'라는 꼬리표까지 달아줬다.(우리 회사는 영어 닉네임을 쓰는데 나는 루시다.) 하지만 약 2년 동안 100곳이 넘는 집을 취재하고 소개하면서, 나만의 취향으로 가득한 공간을 가꾸는 일이 얼마나 의미 있는 일인지 깨닫게 됐다.

멋진 공간을 가진 사람들과 대화하다 보면 집이 애인이나 가족처럼 느껴진다는 말을 자주 듣는다. 직접 꾸민다는 행위 자체가 집과의 친밀도를 높여 주니, 자연스레 집에 대한 애착이 생기고 더 가꾸게 될 테다. 집을 위해 물건을 사고 꾸미는 건 취향에 대한 투자라고 말하고 싶다. 많은 시도, 즉 시간과 노력, 돈을 투자하는 만큼 그 취향은 깊어지고 짙어질 것이다. 실패해도 괜찮다. 취향을 찾아가기 위한 과정이고, 그 경험으로 인해 더 뚜렷한 취향을 분별할 수 있는 힘이 생길 테니. 이렇게 단단하게 쌓아 올린 자기만의 취향을 지닌 이들을 보면 대단해 보였다. 그래서 요새는 루시도 취향에 대한 소비를 점점 늘려가고 있다.

미니멀 인테리어, 맥시멀 인테리어, 내추럴 스타일, 모던 스타일 등 인테리어 종류는 다양하고 계속해서 새로운 스타일이 나온다. 그중 본인의 취향을 찾아 나만의 스타일을 만드는 것이 이 세상 모든 집 꾸미기의 최종 목표일 게다. 더 많은 사람들이 이 책을 통해 집 꾸미기를 시작할 수 있기를 바란다. 혼자 힘으로 벅차다면 언제든 환영이다. 당신과 같은 고민과 어려움을 먼저 겪은 선배들의 고군분투기가 집 꾸미기에 도전할 힘이 되어줄 것이다.

⌂

원룸 생활자를 위한
첫 인테리어북

초판 1쇄 발행	2019년 3월 26일
저자	집꾸미기
발행인	이 심
편집인	임병기
책임편집	이세정
기획·편집	CASA LIBRO
사진	주식회사 집꾸미기
디자인	행복한물고기
일러스트	집꾸미기 공간스타일링팀
마케팅	서병찬
총판	장성진
관리	이미경
인쇄	북스
용지	영은페이퍼(주)
발행처	(주)주택문화사
출판등록번호	제13-177호
주소	서울시 강서구 강서로 466 우리벤처타운 6층
전화	02)2664-7114
팩스	02)2662-0847
홈페이지	www.uujj.co.kr
정가	15,000원
ISBN	978-89-6603-047-7 13590

이 도서의 국립중앙도서관 출판예정도서목록(CIP)은 서지정보유통지원시스템 홈페이지
(http://seoji.nl.go.kr)와 국가자료공동목록시스템(http://www.nl.go.kr/kolisnet)에서
이용하실 수 있습니다. (CIP제어번호: CIP2019009775)